汽車發動機構造與檢修

——理實一體化教程

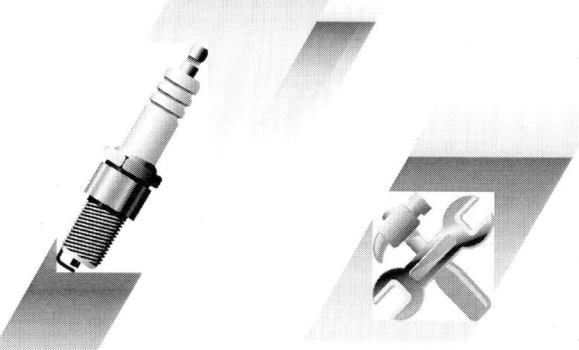

劉建忠、劉曉萌 / 主編

前 言

為了滿足職業教育院校培養汽車類應用型人才的需要，進一步提高汽車維修、汽車技術服務與營銷技能型人才培養質量，我們以國家職業標準為依據，以職業能力為核心，以職業活動為導向，以項目任務為載體，以培養具備較高的職業能力、職業素養和社會能力的高技能人才為目標，組織編寫了職業院校使用的汽車維修、汽車技術服務與營銷職業功能模塊化教材。教材中每個學習項目都包括項目引入、項目要求、項目內容、項目實施等環節，內容設計由淺入深、循序漸進，充分體現「做中學，學中做」的職業教育特色。經過充分調研後，我們從眾多維修項目中篩選出經常碰到的工作任務，在查閱了大量國內外新型汽車維修技術資料的基礎上，結合自己及周圍同行們的實踐經驗，編寫了這本教材——《汽車發動機構造與檢修——理實一體化教程》。在內容安排上本著「以應用為目的，以必須夠用為度」的原則，向學生傳授實際工作的基本知識，培養其基本操作技能，並努力使學生通過本課程的學習獲得就業的技能和創業的本領。

本教材緊緊圍繞職業教育工作需求，在編寫過程中注重知識的前沿性、實用性及可操作性，旨在探索教、學、做一體化的教學模式，符合國家對技能型緊缺人才培養、培訓工作的要求，注重以就業為導向，以能力為本位，面向市場，面向社會，遵循為經濟結構調整和科技進步服務的原則，體現了職業教育的特色，滿足了高素質的中、高級汽車專業實用人才培養的需要。

本書具有以下特色：

(1) 本書根據汽車維修企業對汽車維修人員的崗位能力要求，按照模塊化教學方法進行了基本知識和基本技能的整合，重點突出了技能訓練，符合高等職業教育的特點。

(2) 突破了傳統的編寫模式。教材突破了傳統的「理論知識+技能訓練」的編寫模式，以企業工作崗位典型的24個工作任務為主線，以崗位工作項目為內容，採用任務驅動的方式，有機融合理論知識和技能操作，在工作任務中消化理論知識點，實現了工學一體的編寫模式。

(3) 構建科學的教材體系。模塊設計緊貼企業崗位的工作實際，改變了傳統的以「構造原理—檢測維修—故障診斷」為主線的教材體系。在構建職業功能的模塊中，我們通過工作任務與職業能力分析，參照汽車維修相關職業標準，將工作項目轉化為教學項目，並整合構建可以滿足學生綜合職業能力培養需求的職業功能模塊。同時，通過

前言

教學內容的組合可滿足中級和高級等不同層次學生的培養需求。

（4）創新教材的呈現形式。為了提高教材的可讀性，本教材採用以圖代文的「連環畫」式的表現方法，避免了大段文字的羅列，符合職業教育的學生閱讀習慣，可以激發學生的學習興趣，引導學生自主學習。

由於編者水平有限，書中錯謬之處在所難免，敬請使用本書的師生與讀者批評指正。若讀者在使用本書的過程中有其他意見和建議，懇請向編者踴躍提出寶貴意見。

目　錄

項目一　汽車發動機總體構造認識 …………………………………（1）
　　任務1　汽車發動機的類型、構造組成及功用認識 …………（2）
　　任務2　汽車發動機工作原理與專業術語認知 ………………（11）
　　任務3　汽車VIN碼以及發動機號碼的識別 …………………（17）
　　任務4　汽車發動機總成拆裝 …………………………………（22）

項目二　曲柄連杆機構 ………………………………………………（32）
　　任務1　機體組缸徑與缸蓋的檢測 ……………………………（33）
　　任務2　曲軸飛輪組的認識和檢測 ……………………………（47）
　　任務3　活塞連杆組的認識和裝配 ……………………………（56）

項目三　配氣機構 ……………………………………………………（68）
　　任務1　配氣機構的認識與氣門間隙調整 ……………………（69）
　　任務2　氣門組認識與更換氣門油封 …………………………（76）
　　任務3　氣門傳動組認識與更換安裝正時皮帶 ………………（88）

項目四　汽油機燃油供給系統 ………………………………………（95）
　　任務1　汽油機供給系統的認識與維護維修 …………………（96）
　　任務2　汽油發動機燃油供給系統油壓檢測 …………………（104）
　　任務3　燃油泵總成和燃油濾清器的更換 ……………………（110）
　　任務4　汽油發動機噴油器的清洗與檢測 ……………………（114）

項目五　柴油機燃油供給系統 ………………………………………（125）
　　任務1　柴油機供給系統的認識與供油系統內排空氣
　　　　　　方法的操作 …………………………………………（126）
　　任務2　柴油發動機噴油器的校驗 ……………………………（131）
　　任務3　供油正時的校準 ………………………………………（137）

項目六　潤滑系 ………………………………………………………（142）
　　任務1　認識潤滑系與更換機油、機濾 ………………………（143）

目　錄

　　任務 2　機油壓力檢測 …………………………………（149）
　　任務 3　機油泵檢驗 ……………………………………（155）

項目七　冷卻系 ……………………………………………（161）
　　任務 1　冷卻系的認識與維護 …………………………（162）
　　任務 2　離心式水泵的檢修與試驗 ……………………（169）

項目八　發動機的總裝與調試 ……………………………（173）
　　任務 1　發動機的總裝 …………………………………（174）
　　任務 2　發動機的磨合 …………………………………（181）

參考文獻 ……………………………………………………（188）

附表 1　項目設計 …………………………………………（189）

附表 2　學習任務單 ………………………………………（190）

項目一
汽車發動機總體構造認識

【項目概述】

　　發動機是一種能夠把其他形式的能轉化為機械能的機器，包括內燃機（汽油發動機、柴油發動機、壓縮天然氣發動機、液化石油氣發動機、雙燃料發動機等）、外燃機（斯特林發動機、蒸汽機等）、電動機等，如內燃機通常是把化學能轉化為機械能。發動機既適用於動力發生裝置，也可適用於包括動力裝置的整個機器（如汽油發動機、航空發動機）。發動機最早誕生在英國，所以，發動機的概念也源於英語（Engine），它的本義是指那種「產生動力的機械裝置」。

　　本項目將從四行程汽油發動機入手，通過微課以及微課動漫「四行程汽油發動機工作過程」演示，主要講解四行程汽油發動機的工作原理、基本結構、基本組成以及基本術語等內容，讓同學們通過認識掌握發動機的基本類型以及各個類型區別，瞭解發動機的基本內部結構及工作原理，為深入學習診斷和排除汽車發動機故障打下良好基礎。

【項目要求】

（1）能理解四行程內燃機的工作原理。
（2）能分辨內燃機的類型及特點。
（3）能準確認識內燃機的型號及組成。
（4）瞭解內燃機的基本結構和系統以及功用。
（5）能講解四行程汽油發動機的工作過程。
（6）知道內燃機基本專業術語以及汽車 VIN 碼含義。
（7）收集發動機相關資料，制訂計劃。
（8）能撰寫項目工作總結。

【項目任務與課時安排】

項目	任務		教學方法	學時分配	學時總計
項目一 汽車發動機總體構造認識	任務1	汽車發動機的類型、構造組成及功用認識	微課+認知	6	24
	任務2	汽車發動機工作原理與專業術語認知	多媒體	4	
	任務3	汽車VIN碼以及發動機號碼的識別	理實化	6	
	任務4	汽車發動機總成拆裝	實訓	8	

任務1 汽車發動機的類型、構造組成及功用認識

【任務目標】
(1) 瞭解發動機的類型分類。
(2) 能分辨內燃機的類型及特點。
(3) 能準確認識內燃機的型號及組成。

【任務引入與解析】

發動機是汽車行駛的動力源泉，為汽車運行和其他機械運轉提供動力保障。眾所周知，中國是汽車生產和消費大國，在市面上行駛的汽車品牌繁多，難以辨別優劣，在汽車上配備的發動機型號更是難以區分。其實，專業技術人員是按照發動機工作的形式和結構形式來區分的，內燃機只有四行程和二行程。汽車上裝配的發動機幾乎都是四行程，而摩托車上配備的發動機基本是二行程的。下面我們就以四行程汽油發動機類型為主線，按照不同的區分原則分類進行講述。目的在於讓學生通過對各機型分類以及內部結構的認識，加深對機型的瞭解，為後續汽車發動機構造與維修課程內容打下良好的基礎。

【任務準備與實施】

知識準備
一、汽車發動機總體結構認識
（一）汽車動力的來源

汽車的動力源泉就是發動機，而發動機的動力則來源於氣缸內部。發動機氣缸就是一個把燃料的內能轉化為動能的場所，可以簡單理解為，燃料在汽缸內燃燒，產生巨大壓力推動活塞上下運動，通過連桿把力傳給曲軸，最終轉化為旋轉運動，再通過變速器和傳動軸，把動力傳遞到驅動車輪上，從而推動汽車前進。

一般的汽車都是以四缸和六缸發動機居多，既然發動機的動力主要是來源於氣缸，那是不是氣缸越多就越好呢？其實不然，隨著氣缸數的增加，發動機的零部件也相應

的增加，發動機的結構會更為復雜，這也降低了發動機的可靠性，另外也會提高發動機的製造成本和後期的維護費用。圖1-1-1為直立式發動機結構示意圖。所以，汽車發動機的汽缸數都是根據發動機的用途和性能要求進行綜合權衡後做出的選擇，像V12型發動機、W12型發動機和W16型發動機只運用於少數的高性能汽車上。

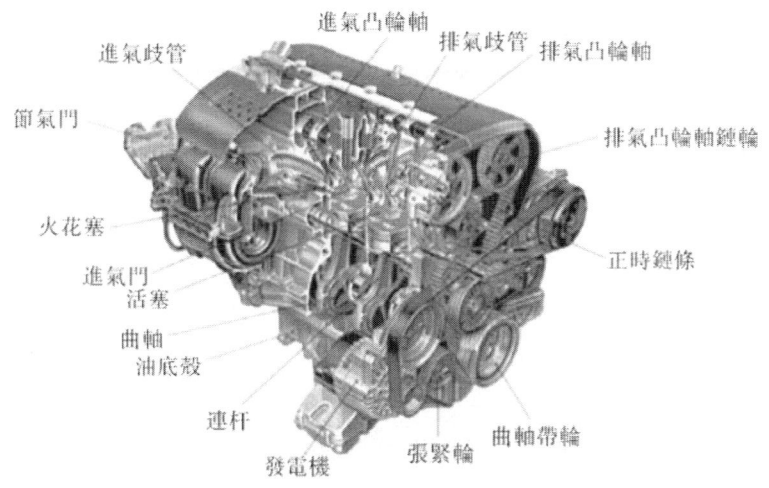

圖1-1-1　直立式發動機構造示意圖

(二) V型發動機結構

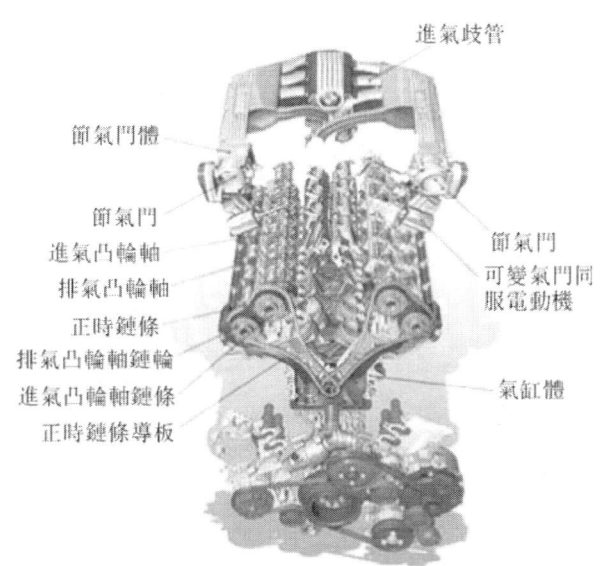

圖1-1-2　V型發動機結構示意圖

將相鄰氣缸以一定的角度組合在一起，從側面看像V字，這就是V型發動機（如圖1-1-2所示）。V型發動機相對於直列發動機而言，它的高度和長度有所減少，這樣可以使得發動機機蓋更低一些，滿足空氣動力學的要求，且V型發動機的氣缸是成一

個角度對向布置的，可以抵消一部分的震動。但是不好的是 V 型發動機必須要使用兩個氣缸蓋，結構相對復雜。雖然發動機的高度減低了，但是它的寬度也相應增加，這樣對於固定空間的發動機艙，安裝其他裝置就不容易了。

（三）W 型發動機結構

將 V 型發動機兩側的氣缸再進行小角度的錯開，就是 W 型發動機了（如圖 1-1-3 所示）。W 型發動機相對於 V 型發動機，優點是曲軸更短一些，重量也可輕化些。缺點是寬度相應增大，發動機艙也會被塞得更滿。W 型發動機結構上被分割成兩個部分，結構更為復雜，在運作時會產生很大的震動，所以只有在少數的車上應用。

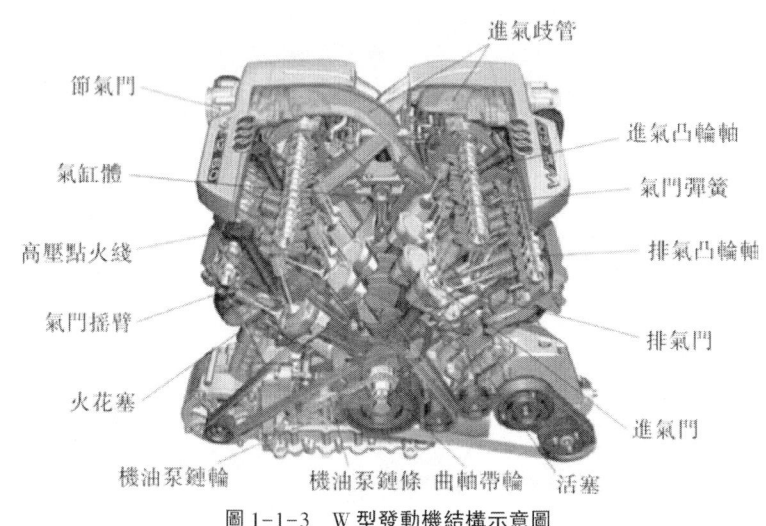

圖 1-1-3　W 型發動機結構示意圖

（四）水平對置發動機結構

將 V 型發動機的夾角擴大到 180°，使相鄰氣缸相互對立布置（活塞的底部向外側），就成了水平對置發動機（如圖 1-1-4 所示）。水平對置發動機的優點是可以很好地抵消振動，使發動機運轉更為平穩；重心低，車頭可以設計得更低，滿足空氣動力學的要求；動力輸出軸方向與傳動軸方向一致，動力傳遞效率較高。缺點是結構復雜，維修不方便；生產工藝要求苛刻，生產成本高，在知名品牌的轎車中只有保時捷和斯巴魯還在堅持使用水平對置發動機。

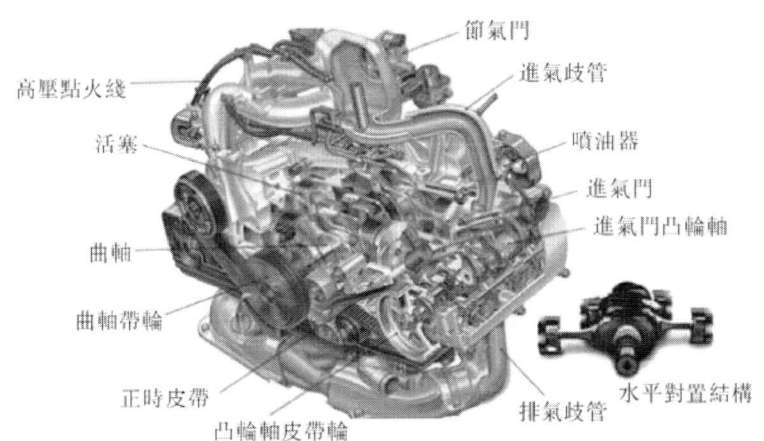

圖 1-1-4　水平對置發動機結構示意圖

二、發動機類型知識準備

內燃機（發動機）按照不同方式來分類，主要有以下幾種常見類別。此外還可按照發動機所使用燃料的不同分為汽油機、柴油機、壓縮天然氣（CNG）發動機、液化石油氣（LPG）發動機以及雙燃料發動機等。

類型	圖形展示	說明
按照工作行程分類	四行程內燃機　二行程內燃機	內燃機按照完成一個工作循環所需的衝程數可分為四行程內燃機和二行程內燃機。把曲軸轉兩圈（720°），活塞在氣缸內上下往復運動四個衝程完成一個工作循環的內燃機稱為四行程內燃機；把曲軸轉一圈（360°），活塞在氣缸內上下往復運動兩個衝程，完成一個工作循環的內燃機稱為二行程內燃機。汽車上裝配的發動機廣泛使用四行程內燃機。
按照活塞運動方式分類	往復活塞式　轉子活塞式	按活塞運動方式分類，活塞式內燃機可分為往復活塞式和旋轉活塞式兩種。前者活塞在汽缸內作往復直線運動，後者活塞在汽缸內作旋轉運動。

表(續)

類型	圖形展示	說明
按照供油方式分類	汽油機　　柴油機	內燃機按照所使用燃料的不同可以分為汽油機和柴油機。使用汽油為燃料的內燃機稱為汽油機；使用柴油為燃料的內燃機稱為柴油機。汽油機與柴油機各有特點：汽油機轉速高，質量小、噪音小、起動容易、製造成本低；柴油機壓縮比大，熱效率高，經濟性能和排放性能都比汽油機優越。
按照氣缸數目分類	多缸發動機　　單缸發動機	內燃機按照氣缸數目不同可以分為單缸發動機和多缸發動機。僅有一個氣缸的發動機稱為單缸發動機；有兩個以上氣缸的發動機稱為多缸發動機，如雙缸、三缸、四缸、五缸、六缸、八缸、十二缸、十六缸等都是多缸發動機。現代車用發動機多採用三缸、四缸、六缸、八缸發動機。
按照冷卻方式分類	水冷發動機　　風冷發動機	內燃機按照冷卻方式不同可以分為水冷發動機和風冷發動機。水冷發動機是利用在氣缸體和氣缸蓋冷卻水套中進行循環的冷卻液作為冷卻介質進行冷卻的；而風冷發動機是利用流動於氣缸體與氣缸蓋外表面散熱片之間的空氣作為冷卻介質進行冷卻的。水冷發動機冷卻均勻，工作可靠，冷卻效果好，被廣泛地應用於現代車用發動機。
按照氣缸排列方式分類	雙列式　　單列式	內燃機按照氣缸排列方式不同可以分為單列式、雙列式和三列式。單列式發動機的各個氣缸排成一列，一般是垂直布置的，但為了降低高度，有時也把氣缸布置成傾斜的甚至水平的。雙列式發動機把氣缸排成兩列，兩列之間的夾角<180°（一般為90°）的稱為V型發動機，若兩列之間的夾角=180°的稱為對置式發動機。三列式把氣缸排成三列，這稱為W型發動機。

類型	圖形展示	說明
按照進氣方式分類	自然吸氣（非增壓式）發動機　　強制進氣（增壓式）發動機	內燃機按照進氣系統是否採用增壓方式可以分為自然吸氣（非增壓式）式發動機和強制進氣（增壓式）發動機。若進氣是在接近大氣狀態下進行的，則為非增壓內燃機或自然吸氣式內燃機；若利用增壓器將進氣壓力增高，進氣密度增大，則為增壓內燃機。增壓可以提高內燃機功率。

三、發動機總體構造組成及功用知識準備

發動機是一種比較復雜的機器，它由許多機構和系統組成，這些機構和系統共同保證發動機較好地進行工作循環，實現能量轉換，並使其能連續正常地工作。發動機通常有下列機構和系統：

1. 曲柄連杆機構

它的作用是將燃料燃燒時產生的熱能轉變為活塞往返運動的機械能，再通過連杆將活塞的往返運動變為曲軸的旋轉運動而對外輸出動力。曲柄連杆機構包括機體組、活塞連杆組、曲軸飛輪組。

2. 配氣機構

它的作用是根據發動機工作順序和工作過程，定時開閉進、排氣門，吸入可燃混合氣或空氣，排出燃燒後的廢氣，實現換氣過程。它一般由氣門組、氣門傳動組以及氣門驅動組組成。

現代轎車的發動機上，我們經常可以看到像 VVT-i、i-VTEC、VVL、VVTL-i 等技術標號。這些標號表示它們與普通的發動機不一樣，這些發動機都採用了發動機可變配氣技術。

3. 燃料供給系

它的作用是向發動機氣缸內供給燃料。由於所用的燃料及混合氣形成方式的不同，柴油機的燃料供給系與汽油機的燃料供給系在結構上差別較大。

柴油機燃料供給系的功用是定時、定量、定壓地向燃燒室內噴入燃料，並創造良好的燃燒條件，滿足燃燒過程的需求，還可根據柴油機的負荷情況，自動調節供油量，以保證發動機最經濟地穩定運轉。其一般由油箱、輸油泵、柴油濾清器、噴油泵、調速器、噴油器、空氣濾清器、進排氣裝置等組成。

汽油機燃料供給系的功用是根據汽油機工作要求，將汽油與空氣按一定的比例形成可燃混合氣，供給氣缸以滿足混合氣形成和燃燒過程的需求。傳統化油器式燃油供給系一般由汽油箱、汽油泵、燃油濾清器、化油器、空氣濾清器、進排氣裝置等組成。電噴汽油機燃油供給系由燃油供給裝置（電動汽油泵、壓力調節器、噴油器等），進氣系統（空氣濾清器、空氣流量傳感器、節氣門等），電子控製系統（電子控製單元、各種傳感器等）組成。

4. 潤滑系

它的功用是將機油送到發動機各運動部件的摩擦表面，起到減摩、冷卻、清潔、密封、防銹等作用，以減小摩擦阻力和部件磨損，並帶走摩擦產生的熱量，從而保證發動機的正常工作並延長使用壽命。其主要由機油泵、機油濾清器、機油散熱器、各種閥門及潤滑油道等組成。

5. 冷卻系

它的功用主要是冷卻因發動機做功而產生的熱量，並把受熱機件的熱量散到空氣中去，延緩零件強度和硬度的下降，防止零件變形損壞，維持相互配合零件的合適的配合間隙，避免潤滑油受高溫而變質，保證柴油機的正常工作。其主要由氣缸體和氣缸蓋內的冷卻水套、水泵、節溫器、風扇、散熱器、水溫表等組成。而空氣冷卻系則主要由氣缸體及氣缸蓋上的散熱片、導流罩、風扇等組成。

6. 點火系

汽油機靠點火系產生的高壓電火花適時點燃氣缸內的可燃混合氣。傳統點火系一般由蓄電池、發電機、分電器、點火線圈、火花塞和點火開關等組成。

7. 啟動系

要是發動機由靜止狀態轉入運動狀態，必須借助外力使曲軸旋轉並達到一定轉速，使氣缸內吸入（或形成）可燃混合氣並實現第一次著火燃燒而轉為自行運轉，那麼這一裝置就稱為啟動系。汽車發動機啟動系一般由啟動電機及其離合機構、飛輪齒圈、啟動開關、蓄電池等附屬裝置組成。

汽油機一般由上述兩大機構和五大系統組成。柴油機由於壓縮自燃，所以沒有點火系，而有高壓油系，因此柴油機由兩大機構和四大系統組成。

器材與場所準備

器材（設備、工量具、耗材）	目的	資料準備	教學場所
設備：（1）四行程汽油、柴油發動機實物；（2）二行程汽油發動機（摩托車）實物。註：每組4~6人為宜。	實物認知	1. 發動機結構掛圖 2. 課程教學資料	1. 多媒體教室 2. 發動機實訓室（進行實物認識與授課機型圖片對號入座）

任務實施

第一步：多媒體演示講解發動機類型分類

利用多媒體PPT課件，重點講述各類機型的區別以及特點，使學生通過對各類機型特點的認知，掌握發動機分類原則、機型特點及型號。

第二步：發動機總體構造組成及功用

利用PPT課件對發動機在宏觀上進行基本結構認知，然後導入發動機各機構和系統進行認知，重點是概述發動機機構、系統組成及功用（如圖1-1-5和圖1-1-6所示）。

項目一　發動機總體構造認識

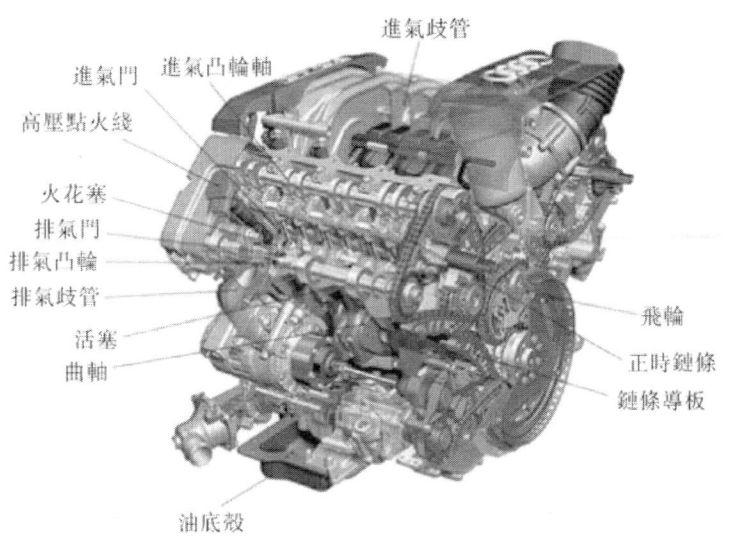

註：
1. 汽油發動機組成：「兩大機構五大系統」。
2. 柴油發動機組成：「兩大機構四大系統」。
3. 內燃機的主要功用：①發出動力的機器，是汽車的動力裝置；②為附屬機械提供動力。

圖1-1-5　發動機示意圖

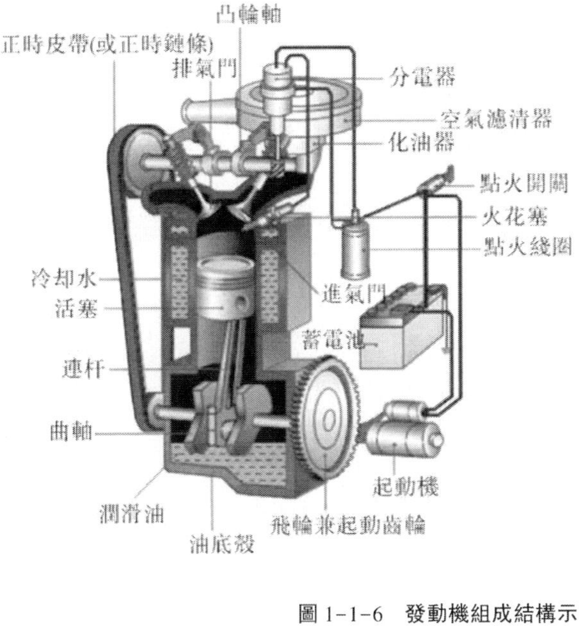

四行程汽油機主要由以下機構和系統組成：曲柄連杆機構；配氣機構；燃油供給系統；點火系統；冷卻系統；潤滑系統；啟動系統。

註：柴油機沒有點火系統

圖1-1-6　發動機組成結構示意圖

任務拓展

（1）壓縮天然氣（CNG）發動機、液化石油氣（LPG）發動機以及雙燃料發動機認知。

（2）電動汽車電動機的認知（如圖1-1-7所示）。

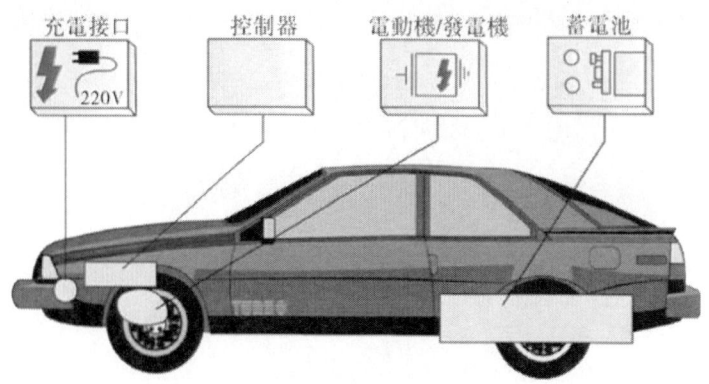

圖 1-1-7　電動汽車的總體布置

【任務考核與評價】

任務名稱＿＿＿＿＿＿＿＿＿＿＿＿＿＿＿

專業：		班級：	姓名：	指導教師：	

	序號	考核內容	配分	評分標準	得分
任務考核內容	1	正確選用工具、儀器、設備	10	工具選用不當扣 1 分/每次	
	2	指出實物發動機機型	25	錯誤扣 2 分/每處	
	3	說明某種發動機基本組成機構和系統	25	錯誤扣 2 分/每個	
	4	能說出發動機某一機構或系統功用	20	錯誤扣 2 分/每處	
	5	認知發動機零部件名稱	10	錯誤扣 2 分/每點	
	6	安全操作、無違章	10	出現安全、違章操作，此次實訓考核記 0 分	
	7	分數合計	100		

	評價	評價標準	評價依據（信息、佐證）	權重	得分小計	總分	備註
任務評價內容	職業素質	1. 遵守維修管理規定 2. 按時完成工作任務 3. 操作規範無違章 4. 工作積極、勤奮好學	1. 工作過程記錄信息 2. 工量具的選用和使用考核信息 3. 工作場地清潔與安全信息	0.2			
	專業技能	1. 按照項目技能評定標準 2. 嚴格執行「安全作業」條例 3. 提倡文明作業，杜絕野蠻、違章作業	1. 作業完成情況記錄 2. 項目完成情況記錄 3. 安全操作記錄	0.5			
	知識能力	1. 項目知識認知能力 2. 拓展知識認知能力	1. 問題處理能力記錄 2. 簡答成功率 3. 作業完成情況	0.3			

表(續)

指導教師綜合評價：
指導教師簽名： 日期：

任務 2　汽車發動機工作原理與專業術語認知

任務目標
(1) 理解並掌握內燃機的工作原理。
(2) 能講解四行程汽油發動機的工作過程。
(3) 知道內燃機基本專業術語及含義。

【任務引入與解析】

随著汽車工業的迅猛發展，汽車上所使用發動機的種類也越來越多。其中，主流汽車多採用往復活塞式四行程發動機。下面以四行程汽油發動機工作原理為主線，穿插四行程柴油機以及二行程汽油機進行講述，目的是使學生通過對各機型工作過程的對比，充分認識和理解汽車發動機的工作原理，為後續發動機故障診斷與排除課程打下基礎。

【任務準備與實施】

知識準備

一、發動機工作原理

1. 四行程汽油機工作原理

將空氣與汽油以一定比例混合成良好的混合氣，在進氣行程中被吸入氣缸，經壓縮點火後燃燒而產生熱能，燃燒後的氣體所產生的高溫、高壓作用於活塞頂部，推動活塞作直線運動，同時通過連桿、曲軸、飛輪機構而變為旋轉運動的機械能，對外輸出動力。

在四行程的工作過程中，曲軸旋轉兩圈，而發動機完成了四行程的一個循環：「進氣、壓縮、做功、排氣」，在活塞運轉的四個行程中，僅一個行程是做功的，其餘三個行程都不做功。

（1）進氣行程

在進氣行程開始時，活塞位於上止點，進氣門開啟，排氣門關閉。曲軸帶動活塞從上止點向下止點移動，活塞上方容積增大，壓力降低，可燃混合氣在壓力差作用下被吸入氣缸。

（2）壓縮行程

壓縮行程開始，進、排氣門都關閉，活塞從下止點向上止點移動，活塞上方容積縮小，混合氣被壓縮，使其壓力和溫度升高到易燃的程度。

（3）做功行程

做功行程時，進、排氣門仍然關閉，當壓縮接近終了時，火花塞發出電火花，點燃可燃混合氣做功。

（4）排氣行程

排氣行程開始，排氣門開啟，活塞由下止點向上止點移動，把燃燒後的廢氣擠出氣缸。

2. 二行程汽油機工作原理

活塞向上運動，將三排氣孔都關閉，活塞上部開始壓縮。當活塞繼續上行時，塞下方打開了進氣孔，可燃混合氣先進入曲軸箱，活塞接近上止點時，火花塞點燃混合氣氣體燃燒膨脹，推動活塞向下運動，進氣孔被運動的活塞關閉，曲軸箱內的混合氣受到壓縮，當活塞接近下止點時，排氣孔打開並排出廢氣，活塞再向下運動，換氣孔打開，受到壓縮的混合氣從曲軸箱經進氣孔被壓入氣缸內並掃除廢氣。

第一行程：活塞從下止點向上止點運動，事先已充滿活塞上方氣缸內的混合氣被壓縮，新的可燃混合氣又被吸入活塞下方的曲軸箱內。

第二行程：活塞從上止點向下止點移動，活塞上方進行做功過程和換氣過程，而活塞下方則進行可燃混合氣的預壓縮。

3. 四行程柴油機工作原理

每個工作循環都經歷「進氣、壓縮、做功、排氣」四個行程。燃料是柴油，其黏度比汽油大，不易蒸發，而且自燃溫度低，所以點火方式是壓燃式。進氣和壓縮行程中都是純空氣，壓縮終了時，氣缸內的空氣壓力可達 3.5~4.5MPa，同時溫度大大超過柴油自燃溫度，故柴油噴入氣缸後，在很短時間內與空氣混合後便立即自行發火燃燒。在高壓氣體推動下，活塞向下運動並帶動曲軸旋轉而做功，廢氣同樣經排氣孔排入大氣中。

4. 二行程柴油機工作原理

第一行程：活塞從下止點向上止點移動，行程開始前不久，進氣孔和排氣孔均已開啟，利用從掃氣系統流出的空氣使氣缸換氣。當活塞繼續向上移動，進氣孔被關閉，排氣孔也關閉，空氣受到壓縮，當活塞接近上止點時，噴油器將高壓柴油以霧狀噴入燃燒室，柴油與空氣混合後燃燒，使氣缸內壓力增大。

第二行程：活塞從上止點向下止點移動，開始時氣體膨脹，推動活塞向下移動，對外做功。當活塞下行到大約 2/3 行程時，排氣孔開啟，排出廢氣，氣缸內壓力降低，進氣孔開啟，進行換氣，換氣一直延續到活塞向上運動 1/3 行程，以進氣孔關閉結束。

5. 汽油機與柴油機的差別

常見的汽油發動機一般是將汽油噴入進氣管同空氣混合成為可燃混合氣再進入氣

缸（新型研製的汽油缸內直噴發動機，是將汽油直接噴入氣缸內混合形成可燃混合氣），經火花塞點火燃燒膨脹做功，人們通常稱它為點燃式發動機。而柴油一般是通過柴油泵和噴油嘴將柴油直接噴入發動機氣缸和在氣缸內經壓縮後的空氣均勻混合，在高溫、高壓下自燃，推動活塞做功。人們把這種發動機通常稱之為壓燃式發動機。

柴油機與汽油機相比，最顯著的不同之處有：燃料性質不同、燃料供給方式不同、燃燒性質不同、排放規律不同、點火方式不同、壓縮比不同、燃燒時不同等。

6. 轉子發動機工作原理

轉子發動機又稱為米勒循環發動機，它採用三角轉子旋轉運動來控製壓縮和排放，與傳統的活塞往復式發動機直線運動迥然不同。這種發動機由德國人菲加士·汪克爾發明。他在總結前人研究成果的基礎上，解決了一些關鍵技術問題，研製成功了第一臺轉子發動機。

二、內燃機基本專業術語與含義

發動機基本專業術語如下（如圖 1-2-1 所示）：

（1）上止點

活塞在氣缸裡作往復直線運動時，活塞頂部距離曲軸旋轉中心最遠的位置。

（2）下止點

活塞在氣缸裡作往復直線運動時，活塞頂部距離曲軸旋轉中心最近的位置。

（3）活塞行程

活塞從一個止點到另一個止點之間移動的距離稱為活塞行程。

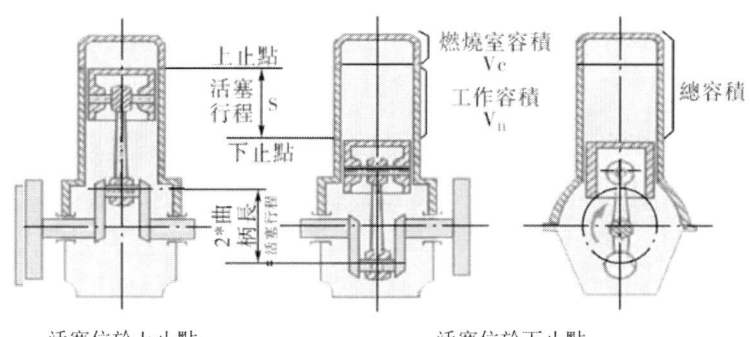

圖 1-2-1 發動機常用專業術語示意圖

（4）曲柄半徑

曲軸旋轉中心到曲柄銷中心之間的距離稱為曲柄半徑，一般用 R 表示。通常活塞行程為曲柄半徑的兩倍，即 $S=2R$。

（5）氣缸工作容積（氣缸排量）

活塞從一個止點運動到另一個止點（上止點和下止點）之間運動所掃過的容積稱為氣缸工作容積。

（6）氣缸總容積

活塞在下止點時，活塞頂部上方整個空間的容積稱為氣缸總容積。它等於氣缸工作容積與燃燒室容積之和。

（7）壓縮比

壓縮比是發動機中一個非常重要的概念，壓縮比表示氣體的壓縮程度，它是氣體壓縮前的最大容積與氣體壓縮後的最小容積之比，即氣缸總容積與燃燒室容積之比。轎車用汽油發動機壓縮比為 8~11，柴油發動機壓縮比為 18~23。

（8）空燃比

空燃比表示空氣與燃料的混合比。空燃比是發動機運轉時的一個重要參數，它對尾氣排放、發動機的動力性和經濟性都有很大的影響。汽油的理論空燃比約為 14.7：1。

（9）氣缸排量

多缸發動機各缸工作容積總和稱為發動機的排量。排量越大，一個工作循環燃燒的混合氣越多，能發出的功率也越大。國際慣例通常按發動機的排量劃分等級，人們常說的 1.6L、1.8L、2.0L 就是指發動機的排量。

（10）工作循環

每一個工作循環都包括進氣、壓縮、做功和排氣過程，即完成了進氣、壓縮、做功和排氣四個過程就叫一個工作循環。

器材與場所準備

器材（設備、工量具、耗材）	資料準備	教學場所
設備：四行程汽油發動機、四行程柴油發動機、二行程汽油發動機（摩托車）。 註：根據班級人數確定設備數量，每組 4~6 人適宜。	（1）不同類型的發動機結構掛圖 （2）學習任務單 （3）課程教學資料	（1）多媒體教室 （2）發動機實訓室（進行實物認識） 註：在理實一體化教室最佳（帶多媒體）

任務實施

第一步：多媒體演示講解汽油發動機的工作原理

利用微課或 PPT 課件，在多媒體教室演示四行程汽油發動機和二行程汽油發動機工作過程，並與柴油機進行工作過程比對，找出其異同點以及各自特點，使學生從發動機工作本質上認識發動機的工作原理並能夠講述其工作環境過程。

機型	動漫展示工作過程				與柴油發動機區別及說明
四行程發動機					（1）點火方式不同：點燃和壓燃 （2）組成和結構形式有所不同 （3）混合氣形成有異、有同
	進氣	壓縮	作功	排氣	四個行程完成一個工作循環

項目一　發動機總體構造認識

表(續)

機型	動漫展示工作過程				與柴油發動機區別及說明
二行程發動機	壓縮	進氣	作功	排氣	與四行程發動機比較： (1) 結構形式與工作形式不同 (2) 工作行程與曲軸轉數不同 兩個行程完成一個工作循環

第二步：內燃機基本專業術語與含義

利用 PPT 課件，指出或定義基本術語及含義。對重要的概念，當肢體語言不能表達清楚時，要採用動畫或圖解加以說明。

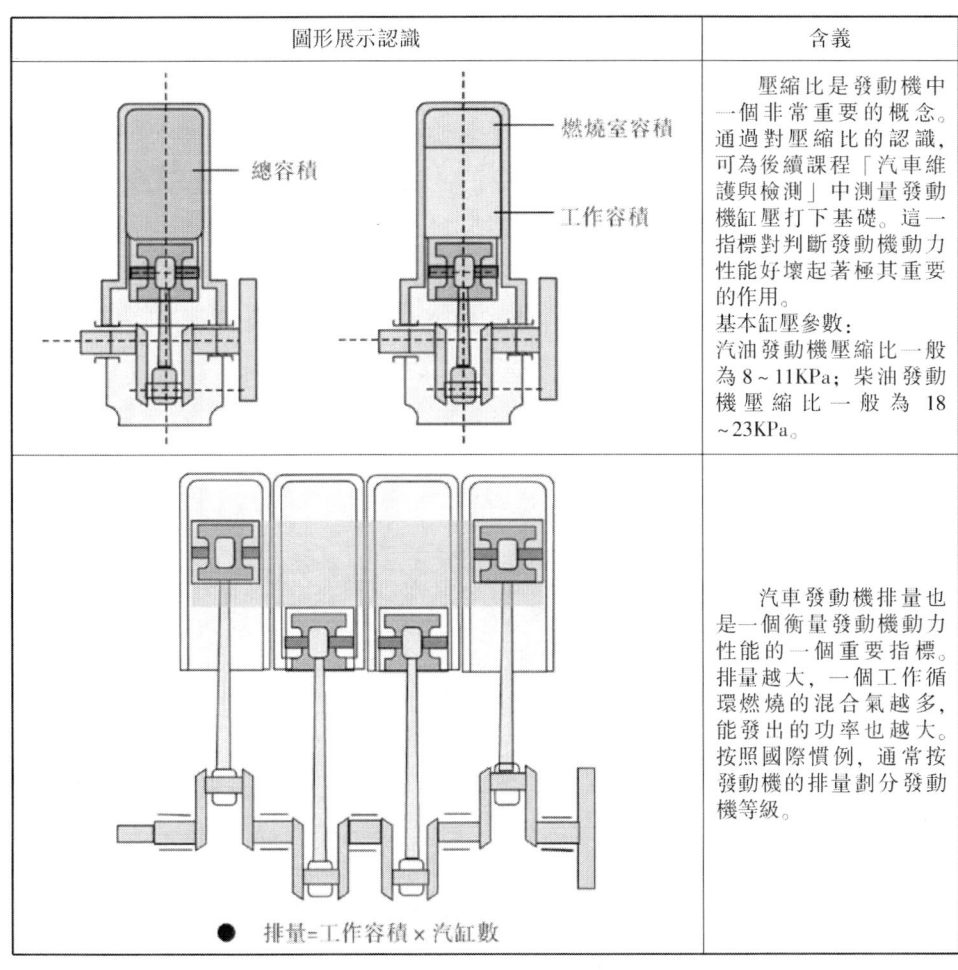

圖形展示認識	含義
	壓縮比是發動機中一個非常重要的概念。通過對壓縮比的認識，可為後續課程「汽車維護與檢測」中測量發動機缸壓打下基礎。這一指標對判斷發動機動力性能好壞起著極其重要的作用。 基本缸壓參數： 汽油發動機壓縮比一般為 8～11KPa；柴油發動機壓縮比一般為 18～23KPa。
	汽車發動機排量也是一個衡量發動機動力性能的一個重要指標。排量越大，一個工作循環燃燒的混合氣越多，能發出的功率也越大。按照國際慣例，通常按發動機的排量劃分發動機等級。

● 排量=工作容積×汽缸數

任務拓展

　　內燃機工作原理都是相同的，都是經過「進氣、壓縮、作功、排氣」四個動作，完成作功並輸出動力，只是進氣和活塞運動的形式不同而已。「進氣、壓縮、作功、排氣」這四個動作足以概括內燃機的工作原理。

　　汽車工業的迅速發展也推動了汽車發動機（內燃機）技術的進步，大部分系統和總成已經上升到電子控制模式，工作特點向智能化晉升。技術的進步更要求作業時嚴格按照操作規程和技術要求工作。根據以上學習的基礎，可進一步瞭解轉子式發動機以及汽車電動機的工作過程。1876年，德國人奧托研製出第一臺實用的往復式四行程內燃機，稱為Otto機。

【任務考核與評價】

　　任務名稱_____

專業：		班級：	姓名：		指導教師：		
	序號	考核內容		配分	評分標準		得分
任務考核內容	1	正確選用工具、儀器、設備		10	工具選用不當扣1分/每次		
	2	回答汽車基本術語及含義（兩個以上）		20	錯誤扣2分/每處		
	3	能說出四行程汽油機的四個工作過程		40	錯誤扣2分/每個		
	4	說出內燃機的工作原理		10	錯誤扣2分/每處		
	5	說出汽油機與柴油機有什麼不同之處		10	錯誤扣2分/每點		
	6	安全操作、無違章		10	出現安全、違章操作，此次實訓考核記零分		
	7	分數合計		100			
	評價	評價標準	評價依據（信息、佐證）	權重	得分小計	總分	備註
任務評價內容	職業素質	1. 遵守維修管理規定 2. 按時完成工作任務 3. 操作規範無違章 4. 工作積極、勤奮好學	1. 工作過程記錄信息 2. 工量具的選用和使用考核信息 3. 工作場地清潔與安全信息	0.2			
	專業技能	1. 按照項目技能評定標準 2. 嚴格執行「安全作業」條例 3. 提倡文明作業，杜絕野蠻違章作業	1. 作業完成情況記錄 2. 項目完成情況記錄 3. 安全操作記錄	0.5			
	知識能力	1. 項目知識認知能力 2. 拓展知識認知能力	1. 問題處理能力記錄 2. 簡答成功率 3. 作業完成情況	0.3			

指導教師綜合評價：	
指導教師簽名：	日期：

任務 3 汽車 VIN 碼以及發動機號碼的識別

任務目標
(1) 瞭解汽車 VIN 碼的含義。
(2) 能識別汽車發動機號碼。
(3) 會對發動機號碼拓號。

【任務引入與解析】

VIN 碼是汽車的戶口，就像人們的身分證一樣，是汽車唯一的身分認證。在汽車維修作業時，輸入 VIN 碼，就可以知道本車輛的維修及其他信息，所以我們必須瞭解 VIN 的編制含義。

在新車上戶時，我們要對車輛的發動機編號和底盤編號進行拓號留存、記錄存檔，以便查驗。因此，我們要學會對發動機編號和底盤編號進行拓號，以便上戶登記存檔。

【任務準備與實施】

知識準備

一、汽車 VIN 碼的編制含義

VIN 碼也叫 17 位編碼，現以一汽-大眾的 VIN 碼為例說明，其識別代碼各部分的含義如下：

一汽-大眾汽車有限公司·中國製造

L　F　V　B　A　1　1　G　9　4　3　1
(1)　(2)　(3)　(4)　(5)　(6)　(7)　(8)　(9)　(10)　(11)　(12)

3　3　A　2　5
(13)　(14)　(15)　(16)　(17)

第（1）位：生產地理地區代碼，由 ISO（國際標準化組織簡稱）統一分配，亞洲

地區代碼為J~R，中國被定為「L」。

第（2）位：生產廠商代碼，由ISO統一分配，中國的代碼為「0~9」和「A~Z」，一汽-大眾汽車有限公司使用「F」。

第（3）位：生產廠被批准備案的車型類別代碼「V」。

第（4）位：廠定最大總質量分級代碼「B」。

第（5）位：（按驅動車輪和轉向盤位置不同）車型種類代碼「A」。

第（6）位：裝配類型代碼「1」。

第（7）位：車身類型代碼「1」。

第（8）位：發動機類型代碼「G」。

第（9）位：工廠檢驗代碼「9」。

第（10）位：車輛年度型（年款）代碼「A」，其指該車是2010年生產的。

第（11）位：裝配工廠代碼「3」。

第（12）~（17）位：出廠順序號代碼。第（12）位為日曆年的末尾數字，如：2001年第（12）位為1；2006年第（12）位為6，以此類推。第（13）~（17）位按照每個日曆年的生產順序從00001~99999順序編排（順序號根據不同裝配線和非裝配線裝配車輛分別編號，可由所在裝配車間控製）。

二、國產內燃機的產品名稱和型號編制規則

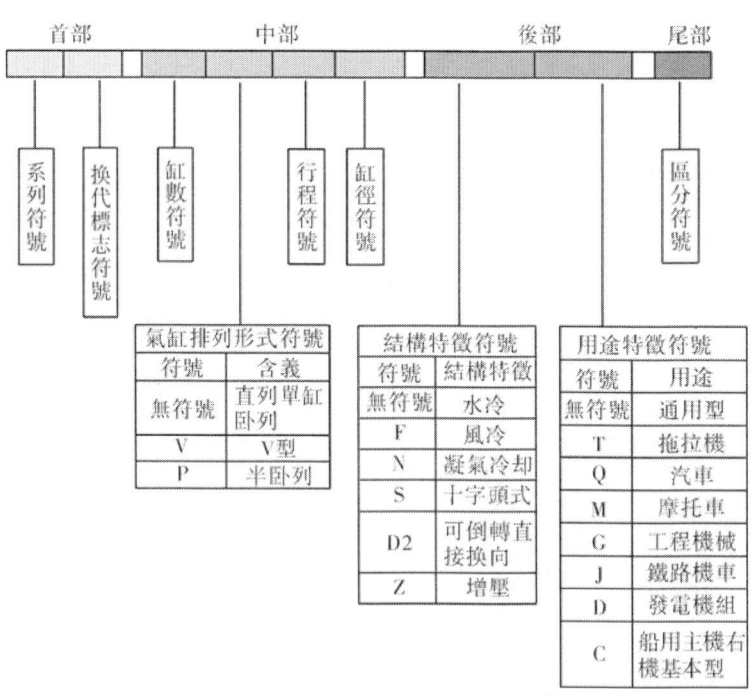

器材與場所準備

器材（設備、工量具、耗材）	目的	資料準備	教學場所
設備：實訓汽車 3 臺、四行程發動機 6 臺。 耗材：鉛筆和拆號紙張以及面紗。 註：根據班級人數確定設備數量，每組 4~6 人為宜。	實物認知 實物訓練	1. 項目設計 2. 學習任務單 3. 課程教學資料	1. 多媒體教室 2. 發動機實訓室 3. 整車實訓室

任務實施

第一步：講解 VIN 碼編制含義與產品型號編制規則

運用多媒體講解汽車 VIN 碼的編制含義以及國產內燃機的產品名稱和型號編制規則。重點講述以上準備知識。

發動機檢測時，要進行電腦對接通話，有的車輛需要知道車輛生產的年代才能進行檢測儀與車載電腦的對接。

你能根據 VIN 碼知道車輛生產年限嗎？

第二步：汽車上認知與查找 VIN 碼

在實訓整車上進行汽車 VIN 碼的認知，重點是讓學生查找 VIN 碼在汽車上的位置並指出某個號碼代表的含義。

然後，對機型、廠家等問題進行現場提問。

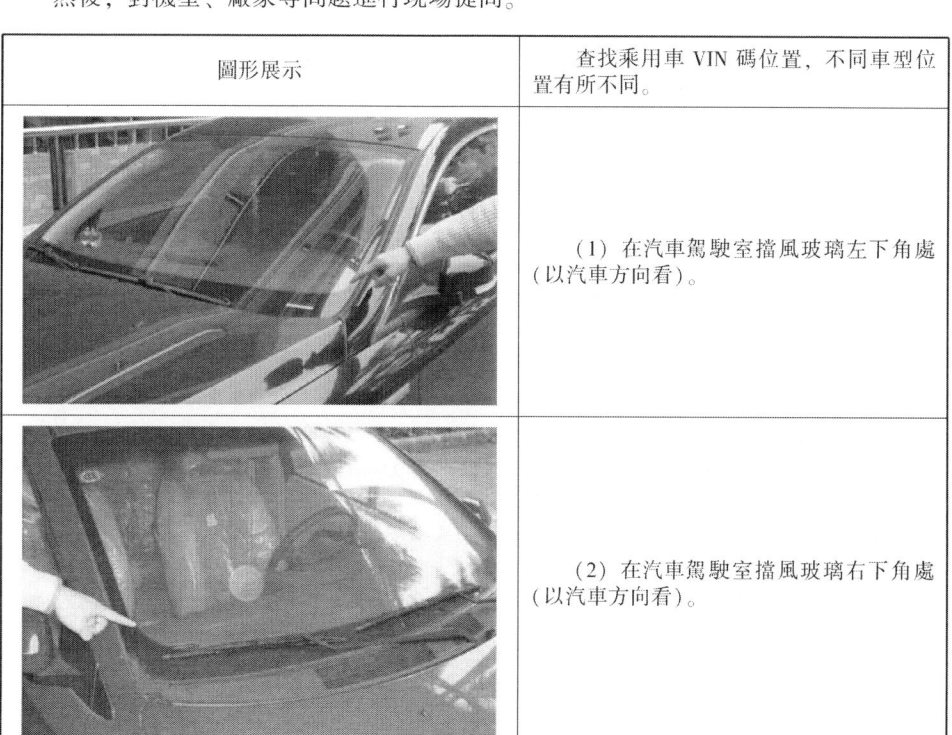

圖形展示	查找乘用車 VIN 碼位置，不同車型位置有所不同。
	（1）在汽車駕駛室擋風玻璃左下角處（以汽車方向看）。
	（2）在汽車駕駛室擋風玻璃右下角處（以汽車方向看）。

表(續)

圖形展示	查找乘用車 VIN 碼位置，不同車型位置有所不同。
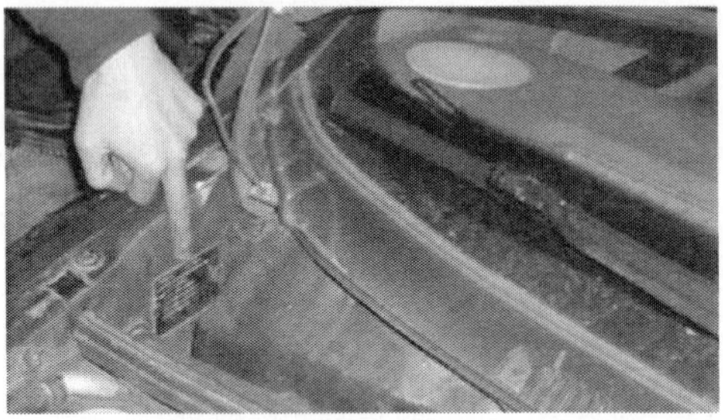 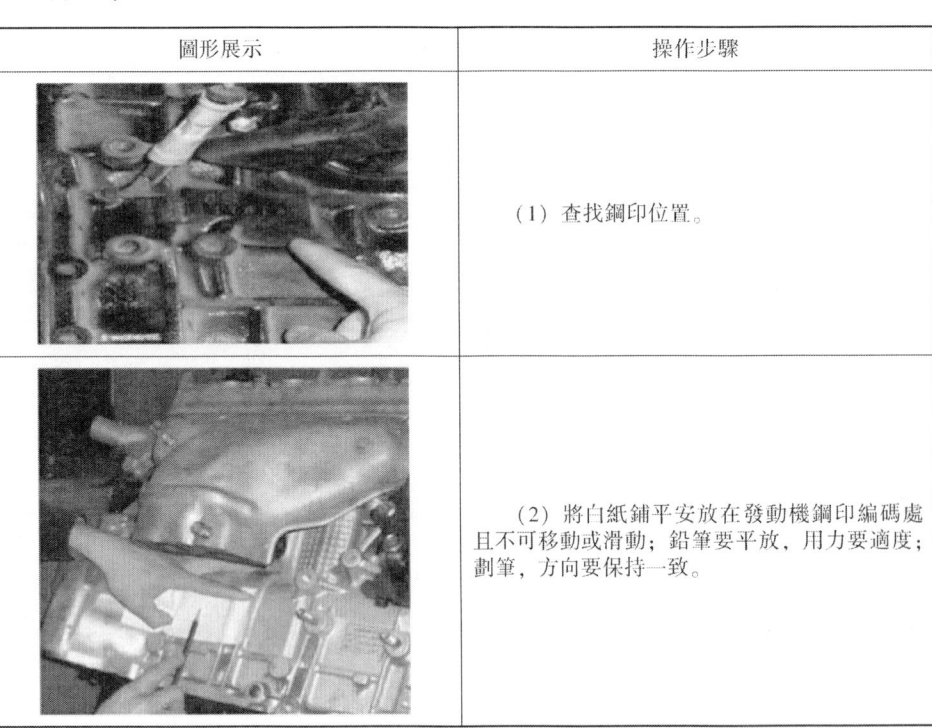	3. 在發動機機艙內的銘牌上查找 VIN 碼。 要求：記錄下 VIN 碼的編號，並組織學生展開討論，要求：說明 VIN 碼的編碼規則，並說明在維修行業中其編碼的用途。

第三步：在發動機機體上拓號

（1）在單體發動機總成上練習拓號。

（2）在實車上進行發動機拓號，真實領會和感受拓號的難易程度，這是給車輛上戶要做的一項基本工作。許多非技術人員往往找不到發動機號碼，尋求汽車維修技術人員幫助並拓號。這項實訓工作完成後，對學生進行提問：汽車底盤號能否找到位置並進行拓號？

圖形展示	操作步驟
	（1）查找鋼印位置。
	（2）將白紙鋪平安放在發動機鋼印編碼處且不可移動或滑動；鉛筆要平放，用力要適度；劃筆，方向要保持一致。

表(續)

圖形展示	操作步驟
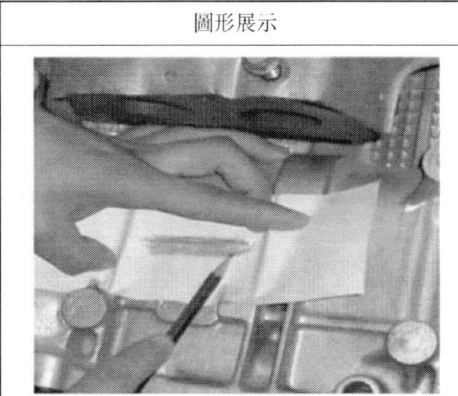	(3) 用鉛筆在鋼印處的紙張上涂抹編號。 (4) 然後取下已拓印好的發動機鋼印編號的拓印紙，將其黏貼在任務單的空白處。

【任務考核與評價】

任務名稱＿＿＿＿＿＿＿＿＿＿＿＿

專業：　　　　班級：　　　　姓名：　　　　指導教師：

	序號	考核內容	配分	評分標準	得分
任務考核內容	1	正確選用工具、儀器、設備	10	工具選用不當扣1分/每次	
	2	汽車VIN碼認知	40	錯誤扣2分/每處	
	3	汽車發動機機體拓號	40	錯誤扣2分/每個	
	4	安全操作、無違章	10	出現安全、違章操作，此次實訓考核記零分	
	5	分數合計	100		

表(續)

評價	評價標準	評價依據 (信息、佐證)	權重	得分小計	總分	備註
任務評價內容	職業素質	1. 遵守維修管理規定 2. 按時完成工作任務 3. 操作規範無違章 4. 工作積極、勤奮好學	1. 工作過程記錄信息 2. 工量具的選用和使用考核信息 3. 工作場地清潔與安全信息	0.2			
	專業技能	1. 按照項目技能評定標準 2. 嚴格執行「安全作業」條例 3. 提倡文明作業，杜絕野蠻違章作業	1. 作業完成情況記錄 2. 項目完成情況記錄 3. 安全操作記錄	0.5			
	知識能力	1. 項目知識認知能力 2. 拓展知識認知能力	1. 問題處理能力記錄 2. 簡答成功率 3. 作業完成情況	0.3			

指導教師綜合評價：

指導教師簽名： 日期：

任務4　汽車發動機總成拆裝

任務目標
（1）對發動機總成有基本認知能力。
（2）對發動機構造、組成有基本識別能力。
（3）通過實訓熟悉維修工具的選用和使用。

【任務引入與解析】

　　汽車發動機是給汽車行駛提供動力的裝置。由於發動機動力傳遞是機械行為，那麼不可避免地要產生故障，這就需要對發動機進行檢修。檢修時，就有可能要對發動機部件進行拆裝，這就要求我們熟悉發動機的結構組成，在拆裝中避免發生拆裝失誤甚至安全事故隱患。

　　安排發動機總成拆裝，主要是讓學生先體驗一下感受，掌握工具的使用和選擇原則。拆裝的程度不宜過大，分拆成幾大塊即可。拆裝過程中注意學生零部件的擺放、工具的選擇與使用以及是否具有安全操作意識，目的是提高學生對發動機的認知能力。

【任務準備與實施】

知識準備

一、發動機的部件基本組成認識

發動機的結構形式很多，即使是同一類型的發動機，其具體結構也是各種各樣的。但就其總體結構而言，基本上都是由如下的機構和系統組成，而每一部分都有自己的功能。其分別為：

（一）曲柄連杆機構基本組成：

（1）機體組：氣門室蓋、氣缸蓋、氣缸體、曲軸箱及油底殼。

（2）曲軸飛輪組：曲軸和飛輪。

（3）活塞連杆組：活塞環、活塞、活塞銷及連杆。

（二）配氣機構基本組成

配氣機構基本組成：氣門組（進氣門、排氣門）和氣門傳動組（挺柱、推杆、搖臂、凸輪軸以及凸輪軸正時齒輪）。

（三）燃油供給系統

（1）汽油機供給系統基本組成：燃油供給裝置、空氣供給裝置、控制系統（ECU）及廢氣排放裝置。

（2）柴油機供給系統和調速器：主要包括油箱、沉澱杯、柴油濾清器、輸油泵、噴油泵及調速器等。

（四）點火系統基本組成

點火系統基本組成：低壓線路、高壓線圈（點火線圈）、高壓線及火花塞。

（五）冷卻系統基本組成

冷卻系統基本組成：氣缸體和氣缸蓋的冷卻水套、水泵、節溫器、風扇、散熱器、水溫表等。

（六）潤滑系統基本組成

潤滑系統基本組成：機油泵、限壓閥、機油濾清器、潤滑油道等。

（七）發動機起動裝置基本組成

發動機起動裝置基本組成：起動電動機及其離合機構、飛輪齒圈、起動開關、蓄電池等。

二、汽車常用維修工具的使用

正確使用維修工具是汽車維修的基本功。在汽車維護與維修中，工具操作是否正確、動作是否規範，不但關係到維修的效率和質量，更重要的是關係到自身安全和他人的安全。很多維修事故都是因為操作不當造成的，所以我們必須掌握汽車常用維修工具的正確使用方法。

名稱	說明	圖片展示
快速棘輪扳手	快速扳手（棘輪扳手）使用靈活、方便。它頭部內裝有一個雙向選擇單項輪，在拆裝螺栓或螺母時，不用將套管頭從螺栓或螺母上取下，只是將手柄回轉再次將螺栓或螺母擰緊或旋鬆即可。推力或拉力時，方向要與螺栓或螺母的平面保持平行，並圍繞中心旋轉用力。	（1）圖示橫向使用棘輪扳手
	垂直拆卸或安裝螺栓或螺母時，掌握平衡的那只手不可將單向輪卡死；平行拆卸或安裝螺栓或螺母時，掌握平衡的那只手不但要掌握平衡，還要用力頂住螺栓或螺母，預防套管頭滑扣。	（2）圖示豎直使用棘輪扳手
快速搖把套筒扳手	使用套筒快速搖把時，掌握搖把的那只手不但要掌握平穩，而且還要向螺栓或螺母使力；轉動搖把的那只手要擺動手腕，用腕力使搖把轉動。	（1）豎直使用快速搖把
	擺好正確的姿勢，在拆卸平行螺栓或螺母時，後面的手用力頂住螺栓或螺母，以免造成螺母滑扣，其手的後肘靠在大腿內側，前面手旋轉用力。	（2）橫向使用快速搖把

表(續)

名稱	說明	圖片展示
火花塞套筒扳手	在拆裝火花塞時，一定要使用火花塞專用套管頭（內有橡膠套），並將套筒插牢在火塞上，然後用力將其鬆動。 安裝是要用手感將火花塞安裝到位，不可使用扳手用力安裝火花塞，以免損毀火花塞絲扣。	拆卸火花塞專用扳手
梅花扳手	在用力的一剎那扳手保持穩定，用力持恆，並將另一只手的拇指或其他手指用力放在梅花扳手的工作面上，一旦螺母有內滑絲或外滑絲的跡象，手指就能夠感覺得到。	使用梅花扳手
開口扳手	開口扳手在使用中，要注意：它不光是有一個圍繞中心旋轉的拉力或推力，同時還有一個向螺栓或螺母方向的頂力，使用不當，將會使螺栓或螺母外方受損，嚴重的會造成人身傷害。 開口扳手的內側只有兩個面受力，容易滑脫。而套筒扳手或梅花扳手是多面受力，往外不容易滑脫。因此，在用力時盡量選擇套筒扳手或梅花扳手。	使用開口扳手

表(續)

名稱	說明	圖片展示
通用扭力扳手	正手法：左手掌握平穩，將左手放在扭力扳手頭部並向下用力。右手伸直與左手臂成90°方向，用力向內穩拉，並用餘光掃視工件及扭力刻度盤上。	（1）正手使用扭力扳手
	反手法：右手掌握平穩，將右手放在扭力扳手頭部並向下用力，左手從右手臂下用力穩拉，並用餘光掃視工件及扭力刻度盤上。	（2）反手使用扭力扳手
螺絲刀	螺絲刀又名起子。它的種類很多，每類的型號也繁多。在汽車維護與維修中，我們經常使用的有兩種，分別是：①平口螺絲刀，也叫一字螺絲刀；②梅花螺絲刀，也叫十字螺絲刀。我們在選用時，主要是根據螺絲的大小來選擇適當的螺絲刀。在使用時一定要將工作面貼緊，用掌心力將螺絲刀壓實旋轉（注意：不允許用手錘用力在螺絲刀把後部擊打）。	使用螺絲刀
手錘	使用標準手錘時，握錘柄的手及工件上不得有油污，錘柄要外露 10~20mm。錘打工件的要點是：第一錘是試錘，要輕打，後續錘是實打，要穩、準、狠。 使用手錘時要注意：用力時，力的抛物線方向不要有人。若發現有人，可以調整一下自己的位置，防止發生意外。	手錘（榔頭）式樣

項目一　發動機總體構造認識

表(續)

名稱	說明	圖片展示
活動扳手	活動扳手分正反兩個面，可移動的夾口為小端，固定的一端為大端。使用活動扳手時小端向裡、大端朝外為正面。在用力時一定要正面使用活動扳手。活動扳手在維修中很少使用，只是用於固定大螺栓或大螺母時使用，主要是拆裝其他扳手無法拆裝的螺栓或螺母。	使用活動扳手
內六方扳手	這種專用工具材質硬而脆，在使用中一定要注意。在拆裝中我們一定要先試著用力，若不能將工件旋鬆的話，不妨用銅棒或軟鋼筋棍將工件擊打使其鬆動，然後再使用內六方扳手。	內六方扳手式樣
內六花扳手	內六花扳手使用要求和內六方扳手相同。	內六花扳手式樣

器材與場所準備

器材（設備、工量具、耗材）	資料準備	教學場所
(1) 實訓用發動機 6 臺 (2) 常用汽車維修工具 6 套 (3) 洗滌油盆、毛刷及棉紗 註：根據班級人數確定設備數量，每組 4~6 人為宜。	(1) 項目設計 (2) 學習任務單 (3) 課程教學資料 (4) 發動機維修拆裝掛圖及資料	(1) 多媒體一體化教室 (2) 發動機實訓室 註：在理實一體化教室最佳（帶多媒體）

任務實施

第一步：多媒體講解

利用多媒體先講解發動機的基本構造，使學生們瞭解拆裝要領，然後再根據項目設計要求實施工作任務。

第二步：實訓現場講解

在發動機拆裝實訓中，示範講解工具的選用和使用要領，並把發動機基本構造知識貫穿到實訓中講解。

圖形展示認識	說明
發動機總成分解部位 拆裝六大塊圖解	發動機總成拆解要求： （1）因為是第一次拆解，要求拆解的程度以部件總成為宜。 （2）拆解時巧用工具，先外後裡，由易到難。 （3）按照圖示中阿拉伯數字1、2、3、6、5順序拆解。 （4）可拆解一個連杆組用於觀看。
零部件擺放要求 零部件擺放圖示	（1）將拆解下來的零部件按照拆解順序有規則的擺放整齊，以便查驗。 （2）將拆解下來的螺絲和螺母集中放置。 （3）對擺放整齊的發動機零部件進行功用以及各部件屬於哪個機構或系統範疇的講解。

第三步：發動機總成拆解（以豐田5A發動機為例）

步驟	拆解要點及圖示	說明
（1）V型皮帶及齒形帶的拆卸	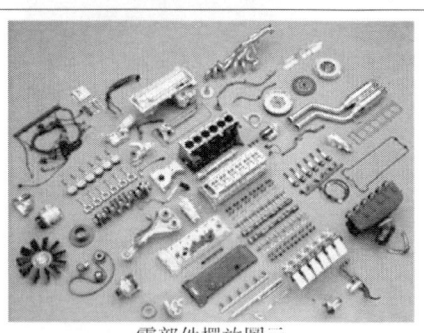	（1）旋鬆發動機撐緊臂的固定螺栓，拆卸水泵、發動機的傳動V型。 （2）拆卸水泵帶輪、曲軸帶輪，拆卸齒形帶上防護罩，這時可旋鬆齒形正時皮帶張緊輪緊固螺母，轉動張緊輪的偏心軸，使齒形皮帶鬆弛，取下齒形正時皮帶。

表(續)

步驟	拆解要點及圖示	說明
（2）發動機附件拆卸	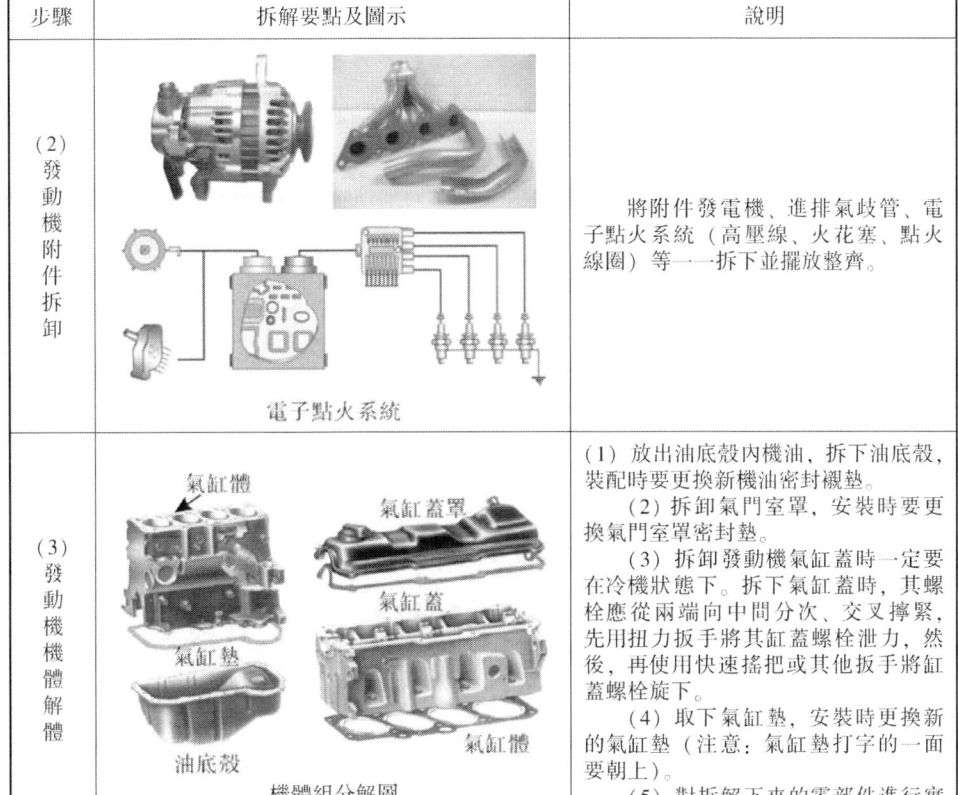電子點火系統	將附件發電機、進排氣歧管、電子點火系統（高壓線、火花塞、點火線圈）等一一拆下並擺放整齊。
（3）發動機機體解體	氣缸體　氣缸蓋罩　氣缸墊　氣缸蓋　油底殼　氣缸體 機體組分解圖	（1）放出油底殼內機油，拆下油底殼，裝配時要更換新機油密封襯墊。 （2）拆卸氣門室罩，安裝時要更換氣門室罩密封墊。 （3）拆卸發動機氣缸蓋時一定要在冷機狀態下。拆下氣缸蓋時，其螺栓應從兩端向中間分次、交叉擰緊，先用扭力扳手將其缸蓋螺栓泄力，然後，再使用快速搖把或其他扳手將缸蓋螺栓旋下。 （4）取下氣缸墊，安裝時更換新的氣缸墊（注意：氣缸墊打字的一面要朝上）。 （5）對拆解下來的零部件進行實物結構、功用及技術要求講解。

第四步：發動機組裝

組裝的順序與拆卸時恰恰相反。需要注意的是某些運轉部件需要加註潤滑油，各部件的安裝都要根據當車技術要求為準。具體組裝的順序如下：

（1）安裝機油泵、油底殼，安裝機油濾清器。

（2）安裝氣缸墊（注意方向，有字面朝上）、氣缸蓋，其螺栓應從中間向兩端分次、交叉擰緊。

（3）裝復發動機的外部附件。

（4）安裝V型皮帶及齒形皮帶，檢查皮帶的張緊度。

要點	標示位置圖示	說明
曲軸正時標記位置		先搖轉發動機曲軸使曲軸先對齊標記點，再觀察凸輪軸標記點是否對齊，若凸輪軸沒有查找到標記點，可再將曲軸搖轉一圈至標記點，再觀察凸輪軸標記點是否對齊。
凸輪軸正時標記位置		當正時皮帶標記點對齊時，這時可轉動張緊輪的偏心軸，使齒形皮帶張緊，再固定齒形正時皮帶張緊輪緊固螺母。
技術要求及註意事項	氣缸蓋螺栓的旋鬆順序是從兩邊向裡、對角拆卸，先使用扭力扳手將螺栓泄鬆，然後再使用快速搖把將螺栓依次拆卸下來，此時可以不按順序拆卸。安裝氣缸蓋螺栓的時候，順序與旋鬆時相反，要從中間向兩邊對角均勻用力，直至完成缸蓋扭力力矩。扭力力矩的扭力數據要根據當車技術數據為準。 ①曲軸帶輪緊固螺栓撐緊力矩為 20N·m。 ②齒形帶後防護罩緊固螺栓撐緊力矩為 10N·m，張緊輪撐緊力矩為 45N·m。 ③曲軸齒形輪、中間軸齒形帶輪兩者緊固螺栓撐緊力矩均為 80N·m。 ④氣缸蓋的撐緊分四次進行：第一次 40N·m，第二次 60N·m，第三次 75N·m，第四次旋緊 90。 ⑤氣缸蓋下表面的平面度誤差不超過 0.10mm。 ⑥桑塔納、捷達轎車發動機氣缸蓋最大允許變形量為 0.10mm；標準厚度為 132.60mm。 ⑦氣缸體上平面最大變形量為 0.05mm，如果超過最大值應予以維修或更換。 ⑧氣缸蓋進氣歧管結合面的最大變形量為 0.10mm。 ⑨轎車發動機燃燒室容積一般規定不得小於標定容積的 95%，同一氣缸蓋各燃燒室容積差不大於平均容積的 1%~2%，否則更換氣缸蓋。 ⑩清洗零部件時，不要損壞零部件的表面。		

【任務考核與評價】

任務名稱＿＿＿＿＿＿＿＿＿＿＿＿

專業：		班級：	姓名：		指導教師：				
	序號	考核內容		配分	評分標準				得分
任務考核內容	1	正確選用工具、儀器、設備		10	工具選用不當扣1分/每次				
	2	說出四行程汽油機基本結構及各機構的組成及功用。		30	錯誤扣2分/每處				
	3	發動機拆解要領和技術標準內容（實操中解釋）		50	錯誤扣2分/每個				
	4	安全操作、無違章		10	出現安全、違章操作，此次實訓考核記零分				
	5	分數合計		100					
	評價	評價標準	評價依據（信息、佐證）			權重	得分小計	總分	備註
任務評價內容	職業素質	1. 遵守維修管理規定 2. 按時完成工作任務 3. 操作規範無違章 4. 工作積極、勤奮好學	1. 工作過程記錄信息 2. 工量具的選用和使用考核信息 3. 工作場地清潔與安全信息			0.2			
	專業技能	1. 按照項目技能評定標準 2. 嚴格執行「安全作業」條例 3. 提倡文明作業，杜絕野蠻違章作業	1. 作業完成情況記錄 2. 項目完成情況記錄 3. 安全操作記錄			0.5			
	知識能力	1. 項目知識認知能力 2. 拓展知識認知能力	1. 問題處理能力記錄 2. 簡答成功率 3. 作業完成情況			0.3			
指導教師綜合評價：									
指導教師簽名：					日期：				

項目二
曲柄連杆機構

【項目概述】

　　曲柄連杆機構的主要功用是將燃料燃燒時產生的熱能轉變為活塞運動的機械能，再通過連杆將活塞的往復運動轉變為曲軸的旋轉運動並對外輸出動力。其機構主要由機體組、活塞連杆組和曲軸飛輪組三大部分組成，而每個組成部分又分為若干個子部分：

　　①機體組：主要包括氣缸蓋、氣缸墊、氣缸體、曲軸箱及油底殼等不動件。

　　②活塞連杆組：主要包括活塞、活塞環、活塞銷及連杆等運動件。

　　③曲軸飛輪組：主要包括曲軸和飛輪等運動件。

　　本項目將從三個工作任務入手，讓同學們通過工作任務，達到對機體組、曲軸飛輪組以及活塞連杆組等結構的基本功用、結構形式、基本零部件組成的認知；學會缸蓋、缸體平面度的測量；缸徑以及曲軸軸頸的檢測，並掌握其基本類型以及各個類型區別，為後續課程的學習打下良好的基礎。

【項目要求】

　　（1）掌握發動機缸體和缸蓋的解體方法及步驟。

　　（2）瞭解氣缸體、氣缸蓋、曲軸和連杆等結構的潤滑油道和冷卻水道作用、方向及位置。

　　（3）能正確使用工量具，熟練測量缸蓋平面度、氣缸缸徑以及曲軸軸頸。

　　（4）瞭解活塞連杆組基本組成和技術裝配標準。

　　（5）熟悉機體組、曲軸飛輪組和活塞連杆組等各部件的名稱、作用和結構特點。

　　（6）收集發動機機體組、曲軸飛輪組和活塞連杆組相關資料，制訂計劃。

　　（7）能撰寫項目工作總結。

【項目任務與課時安排】

項目	任務		教學方法	學時分配（小時）	學時總計（小時）
項目二 曲柄連杆機構	任務1	機體組缸徑與缸蓋的檢測	理實一體化	8	24
	任務2	曲軸飛輪組的認識和檢測	理實一體化	8	
	任務3	活塞連杆組的認識和裝配	理實一體化	8	

任務1 機體組缸徑與缸蓋的檢測

【任務目標】
(1) 掌握發動機缸體和缸蓋的解體方法及步驟。
(2) 瞭解氣缸體和氣缸蓋潤滑油道和冷卻水道作用、方向及位置。
(3) 能正確使用工量具，熟練測量缸蓋平面度、氣缸缸徑。
(4) 知道機體組組成、功用和基本結構。

【任務引入與解析】

有臺桑塔納3000型發動機，經過較長時間的使用後，發現發動機動力性嚴重不足。根據此現象，需要對發動機進行檢修和檢測，首先要對機體組進行檢測。機體組是曲柄連杆機構中的不動件，它的主要功用是：組成燃燒室，承接高溫、高壓、確保發動機正常工作。機體組主要由氣缸體、曲軸箱、氣缸蓋和氣缸墊等零部件組成。檢測機體組時，主要檢測氣缸體和氣缸蓋的裂紋、變形等常見損傷，校正氣缸蓋變形、搪缸、鑲套等內容。本任務注意檢測步驟和方法，並是否正確選用和使用工量具。

機體組缸徑與缸蓋的檢測是汽車維修經常的工作任務之一，也是汽車維修作業人員必須具備的基本能力。

通過本任務的實施，使學生能夠較好地完成以上的任務目標；學會對缸蓋和缸徑的檢測；掌握機型認知能力並通過對各機型的比較從任務中感知和領會知識內涵。充分認識和理解汽車發動機機體組的結構形式，為後續發動機故障診斷與排除打下良好基礎。

【任務準備與實施】

知識準備

一、曲柄連杆機構的總體認識

功用：是發動機實現工作循環、完成能量轉換的傳動機構，用來傳遞力和改變運動方式。換言之，也就是將燃料燃燒時產生的熱能轉變為活塞往復運動的機械能，再通過連杆將活塞的往復運動變為曲軸的旋轉運動而對外輸出動力。

曲柄連杆機構組成：其主要由機體組、活塞連杆組和曲軸飛輪組三部分組成（如圖 2-1-1 所示）。

曲柄連杆機構工作條件和特點：發動機工作時，曲柄連杆機構直接與高溫、高壓氣體接觸，曲軸的轉速又很高，活塞往復運動的線速度相當大，同時與可燃混合氣和燃燒廢氣接觸，潤滑困難。總體來說，曲柄連杆機構的工作條件相當惡劣，他要承受高溫、高壓、高速和化學腐蝕作用，此外還要承受各種變力作用。

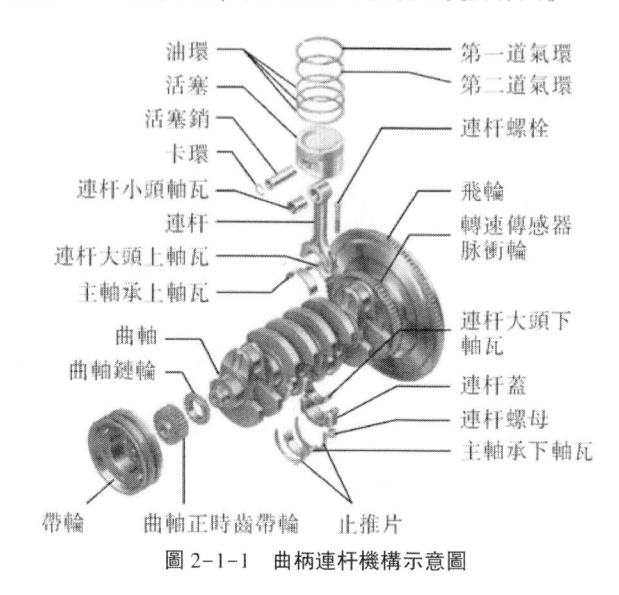

圖 2-1-1　曲柄連杆機構示意圖

二、機體組的認識

機體是構成發動機的骨架，是發動機各機構和各系統的安裝基礎，其內、外安裝著發動機的所有主要零件和附件，承受各種載荷。因此，機體必須要有足夠的強度和剛度。

機體組主要由氣缸體、曲軸箱、氣缸蓋、氣缸蓋罩、氣缸墊和油底殼等零部件組成（如圖 2-1-2 所示）。

它是曲柄連杆機構中不運動的部件，它的主要功用是：組成燃燒室，承受高溫、高壓，保證發動機的正常工作。

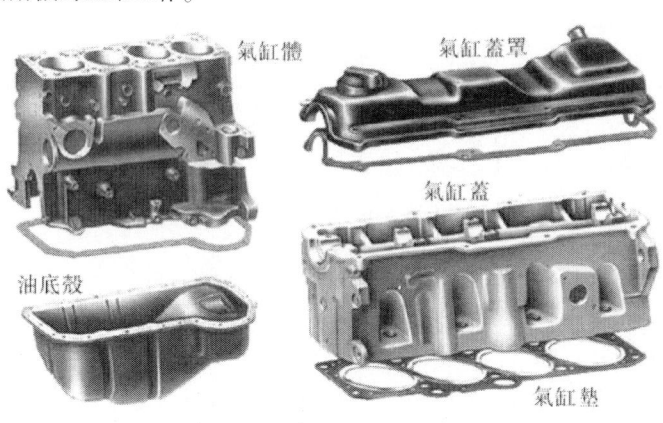

圖 2-1-2　機體組主要結構

三、機體組部件基本結構認識

類型	圖形圖示	說明
龍門式氣缸體	氣缸體	氣缸體是發動機各個機構和系統的裝配基體，是發動機中最重要的一個部件。氣缸體有水冷式氣缸體和風冷式氣缸體。本節內容主要針對水冷式氣缸體。 水冷式氣缸體一般與上曲軸箱鑄成一體，稱為氣缸體或曲軸箱。氣缸體一般用灰鑄鐵或鋁合金鑄成，鋁合金散熱效果好、重量輕，被現代轎車發動機廣泛使用。氣缸體上部的圓柱形空腔稱為氣缸，下半部為支承衢州的曲軸箱，其內腔為曲軸運動的空間。氣缸體內加了很多加強筋、冷卻水道和潤滑油道等。
直列式		發動機的各個氣缸排成一列，一般是垂直布置的。直列式氣缸體結構簡單，加工容易，但發動機的長度和高度較大。一般六缸以下發動機多採用直列式，例如捷達轎車、富康轎車、紅旗轎車。
V型		氣缸排成兩列，左右兩列氣缸中心線的夾角<180°，稱為V型發動機。V型發動機與直列式發動機相比，縮短了機體長度和高度，增加了氣缸體的剛度，減輕了發動機的重量，但加大了發動機的寬度，且形狀較複雜、加工困難，一般用於8缸以上的發動機，6缸發動機也有採用這種形式的氣缸體。
對置式		氣缸排成兩列，左右兩列氣缸在同一水平面上，及左右兩列氣缸中心線的夾角=180°，這稱為對置式。它的特點是高度小，總體布置方便，有利於風冷。這種氣缸運用較少。

表(續)

類型	圖形圖示	說明
干式氣缸套	合金鑄鐵機體　鋁合金機體	干式氣缸套外表面不直接與冷水接觸，其壁厚一般為1～3mm。缸套外表面與其裝配的氣缸體內表面採用過盈配合，具有整體式氣缸體的優點，剛度、強度都較好，但加工比較復雜，內、外表面都需要進行精加工，拆裝不方便，散熱不良。
濕式氣缸套		濕式氣缸套外表面直接與冷卻水接觸，氣缸套僅在上下各有一圍環地帶和氣缸體接觸，其壁厚比干式氣缸套厚，一般為5～9mm。其冷卻效果好，加工容易，通常只需要精加工內表面，而與水接觸的外表面不需要加工，拆裝方便，但缺點是剛度、強度都不如干式氣缸套好，而且容易產生漏水現象。
曲軸箱	曲軸箱	氣缸體下部用來安裝曲軸的部位稱為曲軸箱，曲軸箱分為上曲軸箱和下曲軸箱。上曲軸箱與氣缸體鑄成一體，下曲軸箱用來貯存潤滑油，並封閉上曲軸箱，故又稱為油底殼（如油底殼）。油底殼受力很小，一般採用薄鋼板衝壓而成，其形狀取決於發動機的總體布置和機油的容量。油底殼內裝有穩油擋板，以防止汽車顛動時油面波動過大。油底殼底部還裝有放油螺栓，通常放油螺栓上裝有永久磁鐵，以吸附潤滑油中的金屬屑，減少發動機的磨損。在上、下曲軸箱接合面之間裝有襯墊，防止潤滑油泄漏。
氣缸蓋		功用：密封氣缸的上部，與活塞、氣缸等共同構成燃燒室。 　　材料：灰鑄鐵或合金鑄鐵，鋁合金。 　　工作條件：由於接觸溫度很高的燃氣，所以承受的熱負荷很大。 　　基本結構：氣缸蓋上有冷卻水套、燃燒室、進排氣門道、氣門導管孔和進排氣門座、火花塞孔（汽油機）或噴油器座孔。
氣缸墊	氣缸襯墊	功用：主要起到氣缸蓋與氣缸套之間的封閉作用。 　　安裝要領：氣缸墊要注意安裝方向和位置。

器材與場所準備

器材（設備、工量具、耗材）	資料準備	教學場所
設備：四行程汽油發動機總成 工量具：①量具（平板直尺、平衡軌、刀口尺、塞尺、量缸表、遊標卡尺、外徑千分尺）；②工具（扭力扳手、常規工具等） 耗材：棉紗或棉布、汽油、刮刀 註：根據班級人數確定設備數量，每組4~6人適宜。	1. 項目設計、 2. 學習任務單 3. 課程教學資料 4. 曲柄連杆機構零部件掛圖	1. 多媒體教室 2. 發動機實訓室 註：在理實一體化教室最佳（帶多媒體）

任務實施

第一步：氣缸蓋的拆卸

（1）氣缸蓋應在冷態時拆卸。

（2）拆卸氣缸蓋螺栓時為了防止造成氣缸蓋和缸體表面的變形，應該按照先兩邊再中間、對角交叉的順序逐步拆卸，並且不能一次完全鬆開，應分為兩到三次，最後取下螺栓，取下缸蓋。最後一次要用扳手按工廠規定的擰緊力矩值擰緊。

（3）放置氣缸蓋時，盡可能不讓氣缸蓋的工作面（特別是下平面）接觸支承物。

（4）將拆裝下來的氣缸蓋清潔乾淨（重點是測量表面）擺放在工作臺上以便檢驗。

第二步：氣缸體與氣缸蓋翹曲變形的檢驗

氣缸蓋的變形主要表現為翹曲，其變形程度可通過檢測氣缸蓋下平面的平面度誤差獲得。

若氣缸體與氣缸蓋平面發生變形，檢測時可用等於或大於被測平面全長的平衡規或校正好的直尺，沿氣缸體或氣缸蓋平面的縱向、橫向以及對角線方向多處進行測量，然後用厚薄規測量平衡規或直尺與缸體或缸蓋平面之間的間隙，即平面度誤差。對氣缸體、氣缸蓋變形檢測時，多採用直尺和塞尺、平衡軌和塞尺配合進行檢驗。

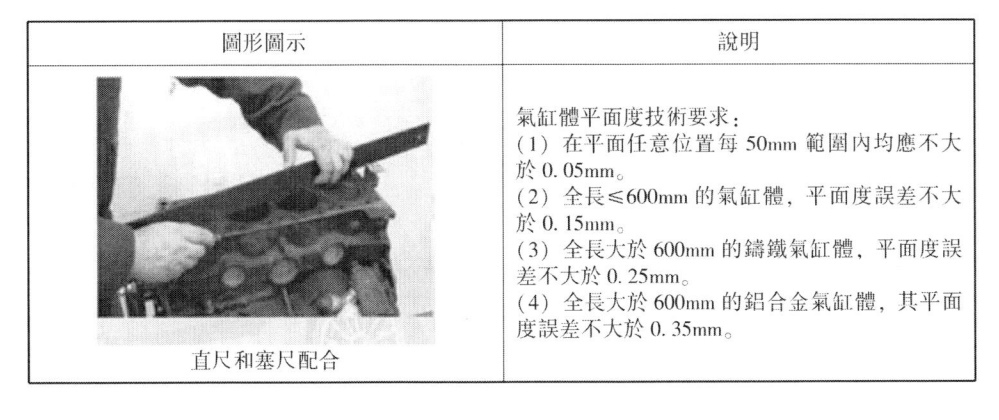

圖形圖示	說明
直尺和塞尺配合	氣缸體平面度技術要求： （1）在平面任意位置每50mm範圍內均應不大於0.05mm。 （2）全長≤600mm的氣缸體，平面度誤差不大於0.15mm。 （3）全長大於600mm的鑄鐵氣缸體，平面度誤差不大於0.25mm。 （4）全長大於600mm的鋁合金氣缸體，其平面度誤差不大於0.35mm。

表(續)

圖形圖示	說明
平衡軌和塞尺配合	氣缸蓋平面度技術要求： 　　全長上應≤0.10mm，在100mm長度上應≤0.05mm。 　　平面度誤差>0.05mm，超過後應修磨，修磨量若>1.00mm，應更換氣缸蓋。 　　以上技術標準是常規技術要求，具體在測量每個車型氣缸蓋或氣缸體時，還是要按照廠家技術數據為準。

一、氣缸蓋平面度檢測方法：
　　(1) 將所測缸蓋側放在檢測平臺上。
　　(2) 將直尺或刀形尺沿長度和對角線方向進行測量，縱軸線貼靠在缸蓋下平面上。
　　(3) 在直尺或刀形尺與缸蓋下平面間的縫隙處插入厚薄規，所測數值即為缸蓋的變形量，並求得其平面度誤差。
　　(4) 氣缸蓋下平面的平面度誤差在整個平面上不大於0.05mm，局部變形時用刮研法修復。
二、氣缸蓋厚度檢測方法：
　　(1) 將待測氣缸蓋平放在檢測平臺上。
　　(2) 用高度遊標卡尺測量缸蓋的厚度。
　　(3) 若氣缸蓋厚度仍在規定範圍內，可對氣缸蓋進行修磨，若過小應更換。
三、檢測結束
　　檢測結束後，把檢測數據進行規範記錄（製作一個檢測表格），根據檢測結果決定是否維修或更換（以當車技術資料要求為準），然後把氣缸蓋裝復到發動機缸體上。

第三步：缸徑磨損的檢測與加工級別尺寸
1. 氣缸體磨損的分析
　　氣缸磨損的程度是決定發動機是否需要進行大修的主要依據。當氣缸磨損程度超過一定的允許極限時，將破壞活塞、活塞環的正常配合，使活塞環不能嚴密地緊壓在缸壁上，造成漏氣、竄油，使發動機功率下降，油耗增加，影響發動機的工作效率。氣缸的磨損程度對汽車的動力性、經濟性影響很大。氣缸磨損使其與活塞、活塞環的配合間隙增大，使氣缸內壓縮時的壓力降低，導致發動機動力性能下降。造成氣缸磨損的原因很多，主要有潤滑不良、機械磨損、酸性腐蝕和磨料磨損等。氣缸在使用過程中，其表面在活塞環運動的區域內形成不均勻的磨損。沿氣缸軸線方向磨成上大下小的錐形，磨損最大部位是與活塞上止點位置第一道活塞環相對應的缸壁。
　　注意，只有瞭解氣缸的磨損規律，才能在測量中尋找磨損最嚴重的地方和最小的地方，這樣求得的失圓度才是實際意義上的圓度誤差。

2. 氣缸磨損度檢測
測量方法：
　　首先確定一個基數值，然後根據測杆壓縮時表針的旋轉方向用基數值加或減來求得缸徑值（順時針減，逆時針加）。
　　(1) 用棉紗布清潔被測氣缸。
　　(2) 用適宜的遊標卡尺初測氣缸直徑並校尺，記住所測數據。
　　(3) 根據所測數據，選擇測杆長度範圍，並正確安裝量缸表。以百分表裝入表杆

時，以百分表指針旋轉0.30~0.50mm為宜並用緊固螺釘擰緊。安裝好的量缸表應完好且轉動靈活。

（4）選擇適宜量程的外徑千分尺並校尺、清潔。用第（2）步所測氣缸直徑做基準，用做外徑千分尺的定位尺寸。然後用定位尺寸將量缸表測桿壓縮到外徑千分尺定位尺寸內並與其兩端面垂直，再將量缸表外指針歸位為「0」。

（5）將校正好的量缸表伸入氣缸內進行測量：

缸徑＝定位尺寸＋百分表指針移到拐點處時的數據（表針逆時針旋轉）；

缸徑＝定位尺寸－百分表指針移到拐點處時的數據（表針順時針旋轉）。

（6）分別測量氣缸上（距氣缸上邊沿10mm）、中（氣缸中部）、下（距氣缸下邊緣10mm）3個截面的橫向和縱向的直徑（如圖2-1-3所示），並做好表2-1-1的測缸記錄。

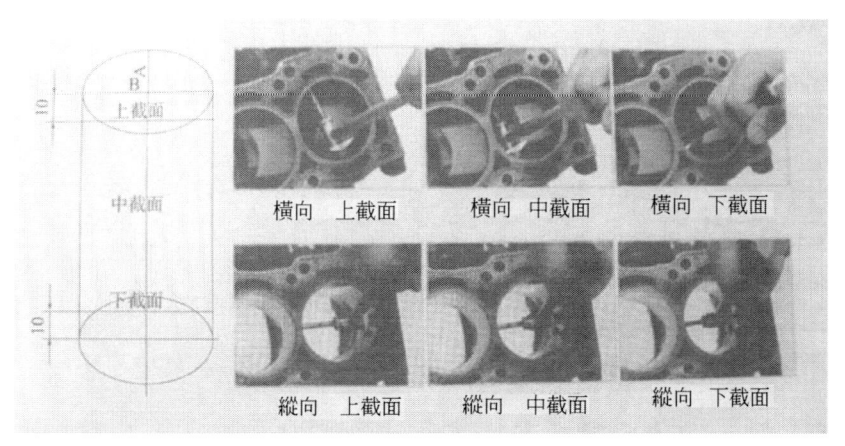

圖2-1-3　缸徑測量位置

表2-1-1　　　　　　　　　　　測缸記錄

	發動機縱向位置	發動機橫向位置	圓度誤差	圓柱度
上截面直徑				
中截面直徑				
下截面直徑				

（7）計算氣缸圓度、圓柱度誤差

①計算氣缸圓度誤差

氣缸圓度誤差計算公式：圓度誤差＝（縱向直徑－橫向直徑）/2。上截面直徑、中截面直徑和下截面直徑3個截面圓度誤差最大值，即為該氣缸的圓度誤差。圓度誤差應小於0.05mm。

②計算氣缸圓柱度誤差

取3個截面的橫向或縱向中3個數據的最大值和最小值，兩值差值的一半即為該缸的圓柱度誤差。氣缸圓柱度誤差的計算公式為：圓柱度誤差＝（最大直徑θ最小直徑）/2。氣缸圓柱度誤差應小於0.15mm。當氣缸磨損的圓度誤差大於0.05mm或圓柱

度誤差大於 0.15mm 時，氣缸應進行修理或更換缸體。

（8）確定氣缸修理尺寸

氣缸直徑除標準尺寸外，還有每次加大 0.25mm 的修理尺寸，即加大一級（+0.25mm）、加大二級（+0.50mm）、加大三級（+0.75mm）、加大四級（+1.00mm）。發動機氣缸的修理應按修理尺寸進行。修理尺寸＝磨損最大氣缸的最大直徑＋加工餘量（加工餘量一般為 0.20mm）與靠相應級別氣缸的圓度或圓柱度相比，誤差超過標準值時，應進行鏜缸和磨缸修理或更換氣缸體。

測量手法與測量位置：

圖形圖示	圖形圖示
	缸徑61.15mm
測量手法：用三個手指掌握量缸表，不宜抓握太緊，要留有自由擺動、調整力度。	測量位置：在圖示上 s_1、s_2、s_3 端面處分別測量兩個點位（十字交叉測量）。

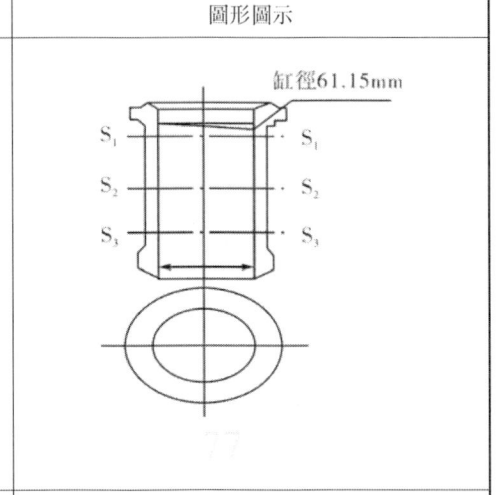

測量技術要求：
①量具使用前，應清潔、校尺或校表，並檢查各活動部分是否靈活可靠。
②百分表表盤不應鬆動，指針不應彎曲。
③測杆、測頭等活動部分應無鏽蝕和碰傷，移動要靈活，測量頭應無磨損痕跡。
④固定量杆，鎖緊固定螺母，否則測量過程中量杆易鬆動。
⑤測量時，沿著測杆方向微微來回擺動表杆，找出長指針的拐點位置。

第四步：氣缸蓋與氣缸墊的安裝

1. 氣缸蓋安裝

（1）安裝氣缸蓋時應注意氣缸襯墊安裝正確、到位。

（2）必須用扭力板手將氣缸蓋螺栓撐緊到規定力矩。

（3）撐緊氣缸蓋螺栓時，應該按照先中間再兩邊、對角交叉的順序逐步（分兩到三次）撐緊。

2. 氣缸墊安裝

（1）應注意將卷邊朝向易修整的接觸面或硬平面。

（2）如氣缸蓋和氣缸體同為鑄鐵時，卷邊應朝向氣缸蓋（易修整）。

（3）而氣缸蓋為鋁合金、氣缸體為鑄鐵時，卷邊應朝向氣缸體。

第五步：清理、清掃

（1）嚴格按照汽車「4S」店車間管理製度執行，遵守實訓車間「整理、整頓、清理、清掃、安全、素養」的 6S 管理。
（2）工作任務完成後，首先檢查工具，以防掉入發動機內。
（3）清理工作現場。
（4）對此次工作任務的質量進行講評。

任務拓展

1. 發動機氣缸體與氣缸蓋檢測任務延伸

當發動機氣缸蓋被拆解下來，氣缸和氣缸蓋的潤滑油道和冷卻水道會完全暴露出來。借此機會，在本工作任務完成的前提下，完全可以進一步延伸工作任務，瞭解和認識潤滑油道和冷卻水道的結構、方位。通過對發動機體潤滑油道和冷卻水道的瞭解和認識，使學生瞭解到發動機工作部件的潤滑和冷卻對保障發動機正常工作起到了重要的作用，為後續課程冷卻系及潤滑系的開展打下良好的基礎。

量缸表是一種比較性測量儀表，主要由百分表和測量附件組成，測量附件又由百分表連動杆、伸縮測杆、加長選擇測杆、選擇測杆、選擇測杆固定螺母等組成。其實物組件如圖 2-1-3 所示。

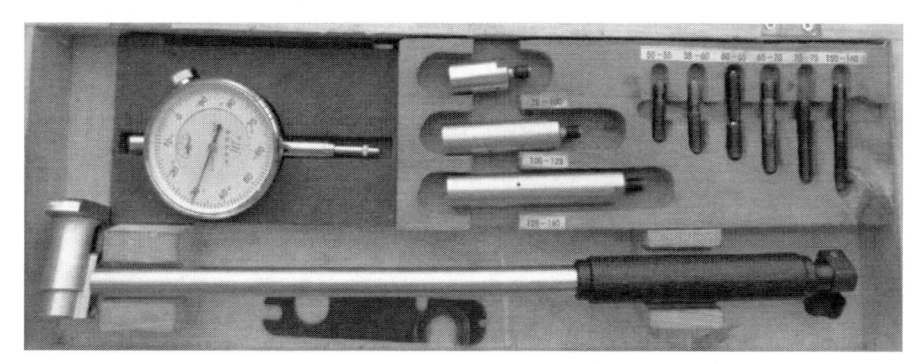

圖 2-1-3　量缸表組件

氣缸測量時，需遊標卡尺、外徑千分尺及量缸表等多種量具配合使用，方可測量出氣缸缸徑。

2. 常規測量方法

（1）常規測量方法的測量原理

取缸徑的標準長度數值為基數值。測量原理是利用設定值為基數值，根據伸縮測杆被壓縮或伸長即百分表大表針的旋轉方向來確定基數值，然後通過「+」或「-」被壓縮或伸長量來求得缸徑值，這種方法現暫且命名為「和差測量法」。即：

缸徑值 = 基數值 + 伸長值（大表針逆時針旋轉）

缸徑值 = 基數值 - 壓縮值（大表針順時針旋轉）

（2）常規測量方法

①安裝、校對量缸表

a. 按被測氣缸的標準尺寸，選擇合適的測杆，裝上後，暫不擰緊固定螺母。

b. 把外徑千分尺調到被測氣缸的標準尺寸，將裝好的量缸表放入千分尺。

c. 稍微旋動測杆，便量缸表指針轉動約 2mm，並使指針對準刻度零處，扭緊測杆

的固定螺母。為使測量正確，重復校零一次。

②讀數方法

a. 百分表表盤刻度為 100。指針在圓表盤上轉動一格為 0.01 mm，轉動一圈為 1 mm；小指針移動一格為 1 mm。

b. 測量時，當表針順時針方向離開「0」位，表示缸徑小於標準尺寸的缸徑，它是標準缸徑與表針離開「0」位格數之差；若表針逆時針方向離開「0」位，表示缸徑大於標準尺寸的缸徑，它是標準缸徑與表針離開「0」位格數之和。

c. 若測量時，小針移動超過 1 mm，則應在實際測量值中加上或減去 1 mm。

③測量方法

a. 使用量缸表，一手拿住隔熱套，另一只手托住管子下部靠近本體的地方。

b. 將校對後的量缸表活動測杆在平行於曲軸軸線方向和垂直於曲軸軸線方向等兩方位，沿氣缸軸線方向上、中、下取三個位置，共測六個數值。上面一個位置一般定在活塞在上止點時，位於第一道活塞環氣缸壁處，約距氣缸上端 15 mm。下面一個位置一般取在氣缸套下端以上 10 mm 左右處，該部位磨損最少。

c. 測量時，使量缸表的活動測杆同氣缸軸線保持垂直，才能測量準確。當前後擺動量缸表表針指示到最小數字時，即表示活動測杆已垂直於氣缸軸線。

④量缸表的使用注意事項

測量時，必須使量缸表與氣缸的軸線保持垂直，應前後擺動量缸表，當指針指示到最小數字時，即表示量杆與氣缸軸線垂直，此讀數為標準讀數。當大指針順時針方向離開「0」位時，表示氣缸直徑小於標準尺寸的缸徑。若逆時針方向離開「0」位，則表示氣缸直徑大於標準尺寸的缸徑。

3. 新測量方法

(1) 新測量方法的測量原理

用遊標卡尺粗測缸徑外圓尺寸，取一個約等於缸徑尺寸的整數值為標數值，並確定千分尺尺寸為標數值，然後將測杆壓入千分尺內並垂直於其砧座平面，根據標數值和測杆被壓縮量求得總測杆的實際尺寸。即：

總測杆實際尺寸=標數值+測杆被壓縮量

其中，標數值是已知數，是根據遊標卡尺測量所得；伸縮測杆被壓縮量也是已知數，是根據伸縮測杆被壓縮時的百分表讀數所得。即：

測杆被壓縮量=百分表讀數

求得了總測杆的實際尺寸，就不難測得缸徑尺寸。測量原理就是利用總測杆實際長度單位做基數值，然後減去伸縮測杆被壓縮最大量從而求得缸徑值。其中，總測杆長度是間接求得，而伸縮測杆被壓縮最大量可以從百分表讀數直接得出。即：

缸徑尺寸 = 總測杆實際尺寸 − 伸縮測杆被壓縮量

這種測量方法我命名為「差測量法」。

(2) 新測量方法的步驟

測量時，校表、校尺、清潔、讀數方法等不再一一表述，在此僅對測量方法步驟進行介紹（如圖 2-1-4 所示）。

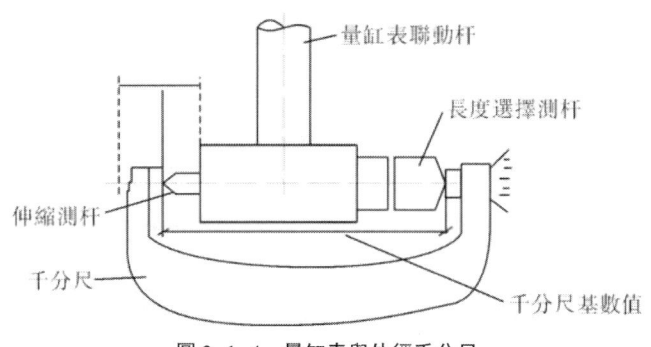

圖 2-1-4　量缸表與外徑千分尺

①首先用遊標卡尺粗測量一下汽缸直徑，取一個接近缸徑的整數值為標數值 Φ（取整數值便於口算）。

②調整外徑千分尺到 Φ，並固定，以此作為度量量缸表測杆實際長度的標數值。

③選擇適量的量缸表的加長杆及調整墊圈，安裝好，不要先緊固螺母。逐漸調整測杆總長度，使之大於標數值 Φ 尺寸約 0.50~1.00mm 範圍內，即測杆總長度 ≈ 標數值 Φ+0.8mm±0.2mm，並鎖緊螺母。

④將量缸表大指針調整到刻度「0」位置並平放在桌面上，雙手分別捏住外徑千分尺兩端頭並將測杆兩端頭壓入已標定好的外徑千分尺內，此時觀察量缸表大指針並不斷調整雙手位置尋找壓縮最大量，當百分表大指針不再上升時，此時測杆壓入千分尺內剛好垂直於其砧座平面位置。此刻測得的讀數為百分表最大壓縮量。由此求得測杆實際長度尺寸。即：

測杆實際長度 = 外徑千分尺的標數值尺寸 + 百分表最大壓縮量

⑤求得了總測杆實際長度，我們可以根據測缸要求逐缸、逐位進行測量。將量缸表放入氣缸內進行測量時，注意觀察百分表大指針變化並尋找最大壓縮量值，當指針在逐漸升高過程中突然出現回落時，此時的拐點就是壓縮最大值。由此可求得缸徑值，即：

氣缸直徑值 = 總測杆實際長度 − 壓縮量最大值

4. 量缸表的使用注意事項

整個測量過程只按照表針旋轉方向計算數值，只減不加。其中要注意，伸縮測杆的伸縮範圍是多少，固定量測杆長度要小於缸徑標數值，即總測杆長度（伸縮測杆+固定量測杆）要大於缸徑標數值。

5. 測缸徑應用舉例

（1）用遊標卡尺測量汽缸缸徑為 86.3mm（如圖 2-1-5 所示），確定標數值 Φ=86mm。

（2）調整外徑千分尺到 Φ=86mm，並固定，作為度量量缸表測杆實際長度的標數值。

（3）選擇適量的量缸表的加長杆及調整墊圈，安裝好，不要先緊固螺母。逐漸調整測杆總長度，使之在 86mm+0.80mm 範圍內，並鎖緊螺母。總測杆長度位置和百分表讀數定位如圖 2-1-6 所示。

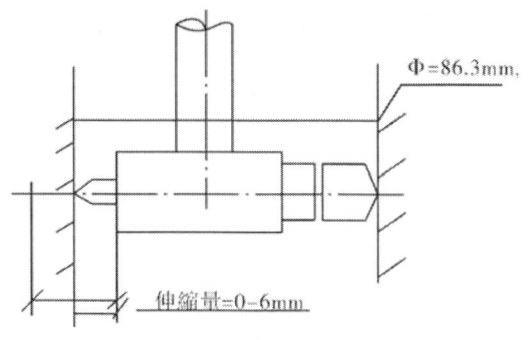

圖 2-1-5　量缸表與缸徑尺寸

|  安裝好後，總測桿長度約為 86+0.80mm | 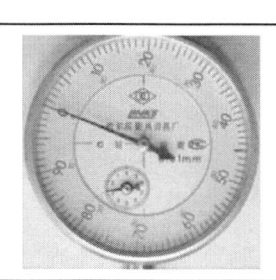 安裝好後，百分表讀數在「0」位置 |

圖 2-1-6　測桿長度位置與百分表讀數定位刻度「0」位置

（4）將量缸表大指針調整到刻度「0」位置並平放在桌面上，雙手分別捏住外徑千分尺兩端頭並將測桿兩端頭壓入已標定好的外徑千分尺內（如圖 2-1-7 所示），此時觀察量缸表大指針並不斷調整雙手位置尋找壓縮最大量，當百分表大指針不再上升時，此時測桿壓入千分尺內剛好垂直於其砧座平面位置。此刻測得的讀數為百分表最大壓縮量，即壓縮最大量為 0.63mm。求得總測桿實際長度為：

總測桿實際長度＝外徑千分尺的標數值尺寸＋百分表壓縮最大量值
　　　　　　　＝86mm（標數值）＋0.63mm（百分表讀數值）
　　　　　　　＝86.63mm

| 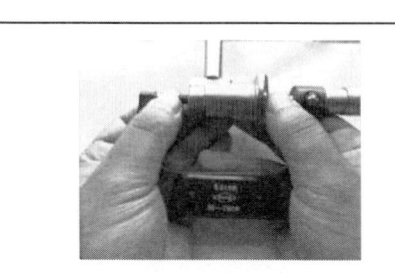 測桿壓入千分尺時手法 | 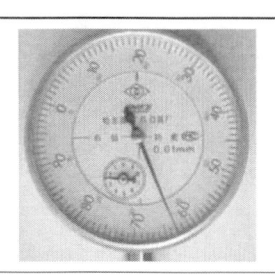 壓縮最大量值時百分表讀數為 0.63mm |

圖 2-1-7　測桿壓入手法與百分表讀數

（5）求得總測桿實際長度後，我們可以根據測缸要求逐缸、逐位進行測量。將量

缸表放入氣缸內進行測量時，注意觀察百分表大指針變化並尋找最大壓縮量值，當指針在逐漸升高過程中突然出現回落時，此時的拐點就是壓縮量最大值，由此可求得缸徑值：

氣缸直徑值（某位置）= 總測杆實際長度-壓縮量最大值
$$= 86.63\text{mm} - 缸徑某點位置百分表讀數值$$

6. 兩種測量方法比較分析

（1）「和差測量法」校表難度大、時間長。主要原因是單手托付千分尺與測杆，並保證測杆與千分尺砧座平面垂直度，而另一只手要調整百分表大指針到「0」位置，整個過程要保持呼吸均勻和整個身體穩定能力，還要眼手配合得當。對於初學者，校準百分表難度較大，要經過反覆校驗才能完成。而「差測量法」使用兩手掌握並調整測杆與千分尺砧座平面的垂直度，眼只注意觀察百分表指針最大壓縮量的拐點即可，記住此時的最大壓縮值。整個校表過程操作簡單，校表精度較高，初學者很容易掌握。

（2）「和差測量法」要確定指針旋轉方向，根據表針逆時針旋轉「+」或順時針旋轉「-」等原則，但是，讀量缸表是順時針讀還是逆時針讀呢？讀取的數值是應該與標定值相加，還是相減？對不經常進行測量的技術人員心裡還要琢磨一會，否則有可能出現測量失誤，對於初學者來說，很容易忘記。而「差測量法」只需按照百分表表針旋轉方向相減即可，初學者很容易記憶和掌握。

（3）「和差測量法」伸縮測杆取值範圍較「差測量法」理論上少一半。因為「和差測量法」的伸縮測杆要保證能伸、能縮，也就是百分表表針可逆時針旋轉或順時針旋轉的緣故。因此，測杆總長度調整範圍較窄。而「差測量法」只有壓縮過程，取值範圍較寬，很容易接近取值範圍內，用時相比較「和差測量法」較短。

（4）「和差測量法」在測量過程中還容易出現以下問題：

①默認缸徑只能變大，讀表時總逆時針讀大指針，並將結果加上標準缸徑。實際上由於各種因素的影響，缸徑也會出現小於對表時所取標準缸徑的情況，而出現讀表和計算錯誤。

②不看小指針的變化，只看大指針在0位的左側還是右側來讀數，左側的讀數與標準缸徑相加，右側讀數與標準缸徑相減。這樣會導致當磨損或變形量在0.5mm左右時讀數錯誤。

③測杆的加長杆選擇過長，導致量缸表卡在缸內不能測量；或過短，導致活動測頭根本不能與氣缸壁接觸，百分表不動，不能測量。

④有些技術人員，不用千分尺標定量缸表。而利用氣缸上部的未磨損部位作為標定，這樣只能得到氣缸的相對直徑，並用來計算偏差，但不能得到氣缸實際直徑值，不能判斷氣缸是否達到極限修理尺寸。

⑤缸徑標定值選擇過大或過小，與實際的缸徑相差超過1mm，導致百分表大指針從標定位置轉動超過1圈以上，又不注意觀察小指針的變化幅度，而出現錯誤。

⑥使用量缸表前不檢查，當活動測頭伸縮量（應該2~3mm）不足時仍然使用，導致測量失敗。

「差測量法」測量過程明了，操作簡單，且沒有以上測量過程，因此不會出現上述問題。

【任務考核與評價】

任務名稱＿＿＿＿＿＿＿＿＿＿＿＿

專業：		班級：		姓名：		指導教師：	
任務考核內容	序號	考核內容		配分	評分標準		得分
	1	正確選用工具、儀器、設備		10	工具選用不當扣1分/每次		
	2	缸蓋平面度測量方法與要領及準確度		30	錯誤扣2分/每處		
	3	缸蓋材料、結構等認知		10	錯誤扣2分/每個		
	4	缸徑測量方法與要領及準確度		30	錯誤扣2分/每處		
	5	缸體材料、結構、功用及組成認知		10	錯誤扣2分/每點		
	6	安全操作、無違章		10	出現安全、違章操作，此次實訓考核記零分		
	7	分數合計		100			
任務評價內容	評價	評價標準	評價依據（信息、佐證）	權重	得分小計	總分	備註
	職業素質	1. 遵守維修管理規定 2. 按時完成工作任務 3. 操作規範無違章 4. 工作積極、勤奮好學	1. 工作過程記錄信息 2. 工量具的選用和使用考核信息 3. 工作場地清潔與安全信息	0.2			
	專業技能	1. 按照項目技能評定標準 2. 嚴格執行「安全作業」條例 3. 提倡文明作業，杜絕野蠻違章作業	1. 作業完成情況記錄 2. 項目完成情況記錄 3. 安全操作記錄	0.5			
	知識能力	1. 項目知識認知能力 2. 拓展知識認知能力	1. 問題處理能力記錄 2. 簡答成功率 3. 作業完成情況	0.3			

指導教師綜合評價：

指導教師簽名： 日期：

任務2　曲軸飛輪組的認識和檢測

> **任務目標**
> （1）瞭解曲軸飛輪組結構形式、組成及功用。
> （2）掌握曲軸軸頸的檢測方法及維修加工級別認識。
> （3）準確認識內燃機的型號及組成。

【任務引入與解析】

本工作任務和機體組缸徑、缸蓋的檢測任務一樣，都是發動機維修常見工作之一。通過本工作任務的實施，我們可以完成曲軸飛輪組的結構、組成以及功用認知等教學任務，熟知曲軸潤滑油道供給路線和曲軸瓦、連杆瓦及曲軸止推墊的裝配技能，還能觀察到飛輪齒圈的結構形式，為後續飛輪齒圈的更換打下基礎。

汽車發動機長時間工作，其內部時有出現異響現象，這極有可能是發動機曲軸軸瓦響而引起的（曲軸軸瓦屬於曲軸飛輪組）。該任務要求對曲軸飛輪組進行檢測。

檢修曲軸飛輪組時，主要包括曲軸的檢修、飛輪的檢修、曲軸軸承的選配等工作內容，這就需要我們必須瞭解發動機曲軸飛輪組的基本結構組成。

通過本任務的實施，重點掌握曲軸軸頸的檢測方法和維修加工級別，著重瞭解曲軸內部結構（潤滑油道口）及飛輪的功用。

【任務準備與實施】

知識準備

一、曲軸飛輪組的基本認識

（1）基本功用：曲軸的主要作用是把活塞連杆組傳來的燃氣壓力轉變為轉矩對外輸出；另外還驅動發動機的配氣機構和發電機等其他的輔助裝置（如發電機、風扇、水泵、轉向油泵等）。曲軸是發動機最重要的機件之一。

（2）工作條件：旋轉質量的離心力、週期性變化的氣體壓力、往復慣性力。

（3）曲軸材料：大多採用優質中碳鋼（如45號鋼）或中碳合金鋼（如45Mn2、40Cr等），有的採用球墨鑄鐵。為了提高曲軸的耐磨性，其主軸頸和連杆軸頸表面上均需高頻淬火或氮化，例如，桑塔納發動機曲軸採用優質50號中碳鋼模鍛而成，先正火後半精加工，經中頻淬火後再精加工，以達到高的精度和低的表面粗糙度。

（4）曲軸飛輪組的組成：曲軸飛輪組主要由曲軸、飛輪、曲軸正時齒輪、帶輪、大瓦等附件組成，如圖2-2-1所示。

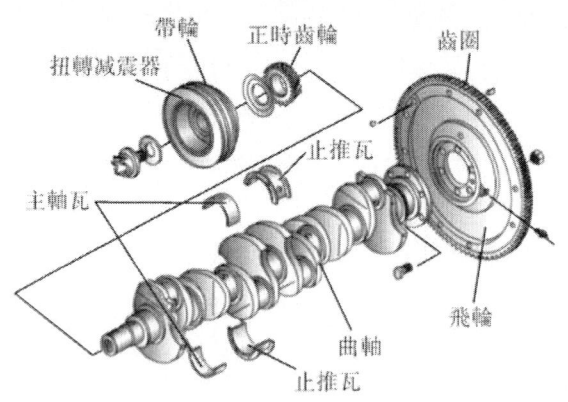

圖 2-2-1　曲柄飛輪組

二、曲軸飛輪組主要零部件認識

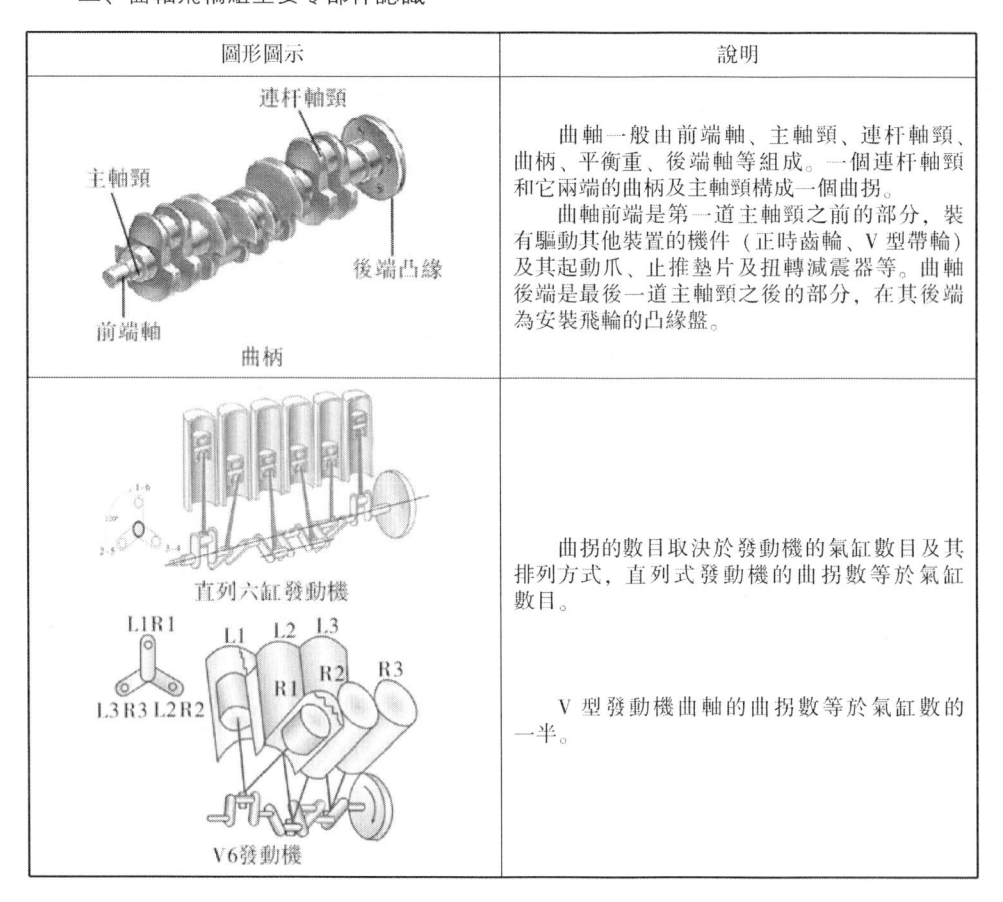

圖形圖示	說明
主軸頸／連杆軸頸／後端凸緣／前端軸／曲柄	曲軸一般由前端軸、主軸頸、連杆軸頸、曲柄、平衡重、後端軸等組成。一個連杆軸頸和它兩端的曲柄及主軸頸構成一個曲拐。 　　曲軸前端是第一道主軸頸之前的部分，裝有驅動其他裝置的機件（正時齒輪、V型帶輪）及其起動爪、止推墊片及扭轉減震器等。曲軸後端是最後一道主軸頸之後的部分，在其後端為安裝飛輪的凸緣盤。
直列六缸發動機／L1R1 L1 L2 L3 R1 R2 R3 L3R3 L2R2　V6發動機	曲拐的數目取決於發動機的氣缸數目及其排列方式，直列式發動機的曲拐數等於氣缸數目。 　　V型發動機曲軸的曲拐數等於氣缸數的一半。

表(續)

圖形圖示	說明
齒圈 飛輪	飛輪是一個轉動慣量很大的圓盤。在發動機上，飛輪的主要功用是用來儲存做功行程的能量，用於克服進氣、壓縮和排氣行程的阻力和其他阻力，使曲軸能均勻地旋轉。 飛輪的外緣壓有的齒圈與啓動電動機的驅動齒輪嚙合，供起動發動機用，並使發動機有可能克服短時間的超載荷。 汽車離合器也裝在飛輪上，利用飛輪後端面作為驅動件的摩擦面，用來對外傳遞動力。
油道孔 翻邊　翻邊軸瓦　合金	翻邊軸瓦主要用於曲軸的支撐和控製曲軸軸向移動。
半圓環止推片	半圓環止推片主要用於控製曲軸軸向移動的間隙。

器材與場所準備

器材（設備、工量具、耗材）	目的	資料準備	教學場所
1. 四行程汽油發動機實物 n 臺 2. 常用維修工具 n 套（活塞環卡具、活塞環拆裝鉗） 3. 量具：外徑千分尺（25～50mm、50～75mm） 4. V形鐵質磁性表座、V形架。	實訓認知使用	1. 項目設計 2. 學習任務單 3. 課程教學資料	1. 多媒體教室 2. 發動機實訓室（進行實物認識，與授課機型圖片對號入座） 註明：在理實一體化教室最佳（帶多媒體）

任務實施

　　發動機在工作時，曲軸要承受來自燃燒氣體的壓力、活塞連杆組的往復運動的慣性力和旋轉質量的離心力，以及這些力所形成的力矩的作用，如果曲軸的扭轉剛度不夠或動平衡不好，在高速運動時就會引起曲軸強烈的扭轉共振。另外，曲軸各道軸頸表面要承受很大的單位壓力，且有很高的滑動摩擦速度，摩擦副的散熱條件也較差，上述工況可能導致曲軸的彎曲、扭轉、斷裂、疲勞破壞、軸頸磨損等。因此，在修理發動機時必須對曲軸進行檢查，查明曲軸的損傷和磨損，分析其原因，並進行正確的修理。

第一步：曲軸飛輪組的拆解

任務分類	圖形圖示
分解曲軸飛輪組	(1) 將有關影響分解曲軸飛輪組的零部件及附件旋下並擺放整齊。 (2) 查看軸承瓦蓋裝配標記，標記不明顯的自己要做裝配標記。 (3) 將曲軸飛輪組各零部件拆解並按順序擺放整齊。 (4) 清洗飛輪組各零部件，順序如下： 　①清除各零部件上的黏結物。 　②用清洗劑（汽油）清洗拆解下來的零部件。 　③將清洗好的零部件擺放整齊以備查驗。

第二步：曲軸的檢驗方法

檢驗項目	圖形圖示
曲軸變形的檢驗	曲軸的變形主要表現為彎曲變形和扭曲變形，其中主要變形是彎曲變形。當曲軸主軸頸的同軸度誤差大於 0.05mm，則稱為曲軸彎曲變形；當曲軸連杆軸頸分配角誤差大於 30′時，則稱為曲軸扭曲變形。

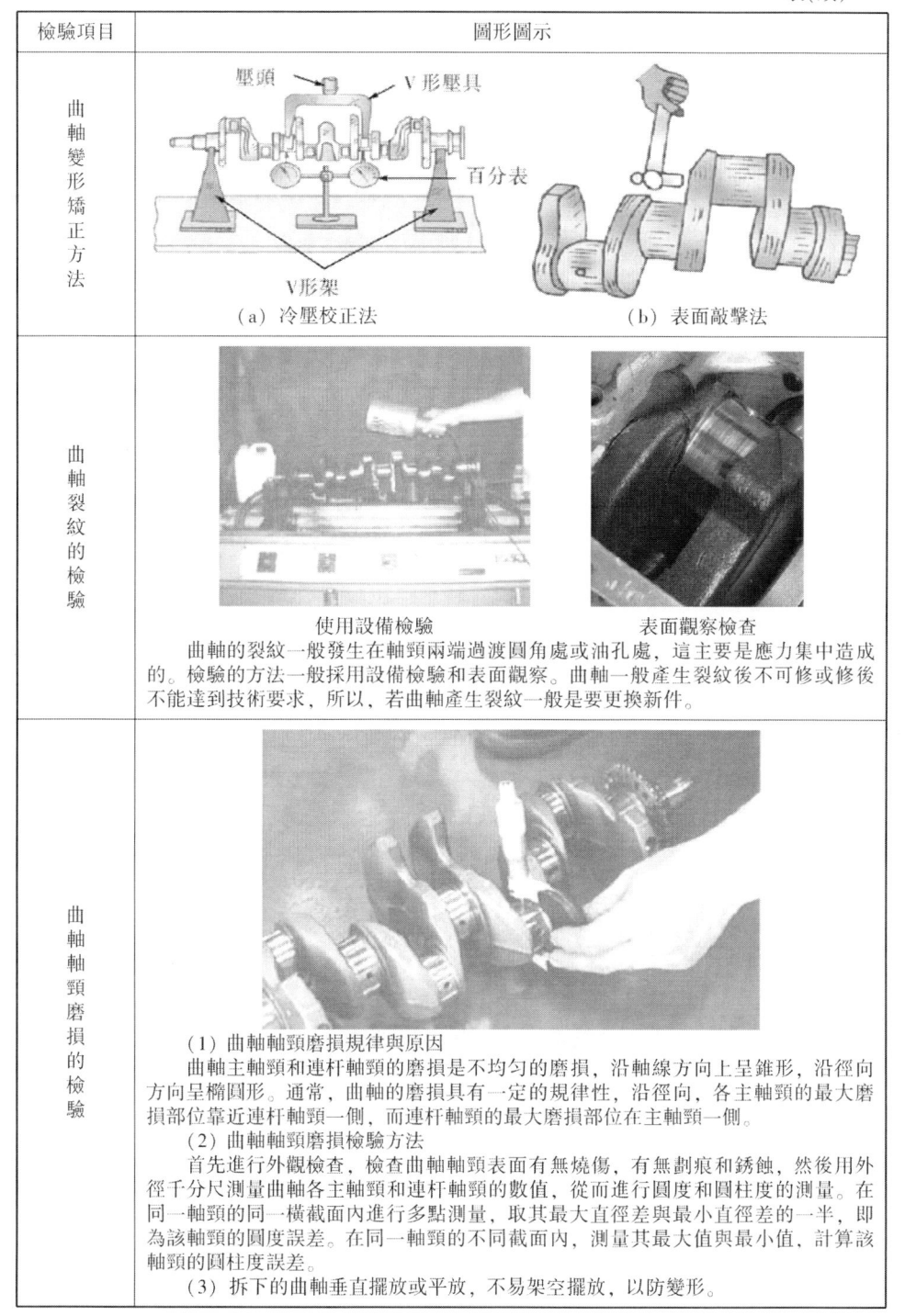

檢驗項目	圖形圖示
曲軸變形矯正方法	壓頭　V形壓具　百分表　V形架 (a) 冷壓校正法　　(b) 表面敲擊法
曲軸裂紋的檢驗	使用設備檢驗　　表面觀察檢查 曲軸的裂紋一般發生在軸頸兩端過渡圓角處或油孔處，這主要是應力集中造成的。檢驗的方法一般採用設備檢驗和表面觀察。曲軸一般產生裂紋後不可修或修後不能達到技術要求，所以，若曲軸產生裂紋一般是要更換新件。
曲軸軸頸磨損的檢驗	(1) 曲軸軸頸磨損規律與原因 　　曲軸主軸頸和連杆軸頸的磨損是不均勻的磨損，沿軸線方向上呈錐形，沿徑向方向呈橢圓形。通常，曲軸的磨損具有一定的規律性，沿徑向，各主軸頸的最大磨損部位靠近連杆軸頸一側，而連杆軸頸的最大磨損部位在主軸頸一側。 (2) 曲軸軸頸磨損檢驗方法 　　首先進行外觀檢查，檢查曲軸軸頸表面有無燒傷，有無劃痕和銹蝕，然後用外徑千分尺測量曲軸各主軸頸和連杆軸頸的數值，從而進行圓度和圓柱度的測量。在同一軸頸的同一橫截面內進行多點測量，取其最大直徑差與最小直徑差的一半，即為該軸頸的圓度誤差。在同一軸頸的不同截面內，測量其最大值與最小值，計算該軸頸的圓柱度誤差。 (3) 拆下的曲軸垂直擺放或平放，不易架空擺放，以防變形。

表(續)

檢驗項目	圖形圖示
曲軸軸頸磨損的修理	 對於曲軸軸頸磨損，一般採用修理尺寸法進行修復。曲軸軸頸磨損修理是在專用的曲軸磨床上進行磨削加工的。
曲軸軸向間隙的檢查與調整	 曲軸軸向間隙是指曲軸軸承承推端面與軸頸定位肩之間的間隙。一種檢查方法是用百分表觸頭抵觸在飛輪或曲軸的其他端面上，用撬棒將曲軸前後撬動，觀察百分表的讀數變化量，此變化量即為曲軸的軸向間隙。另一方法是用撬棒將曲軸撬向一端，再用塞尺在推力軸承處的承推面與軸頸的定位肩之間進行測量。
曲軸軸承間隙的檢查	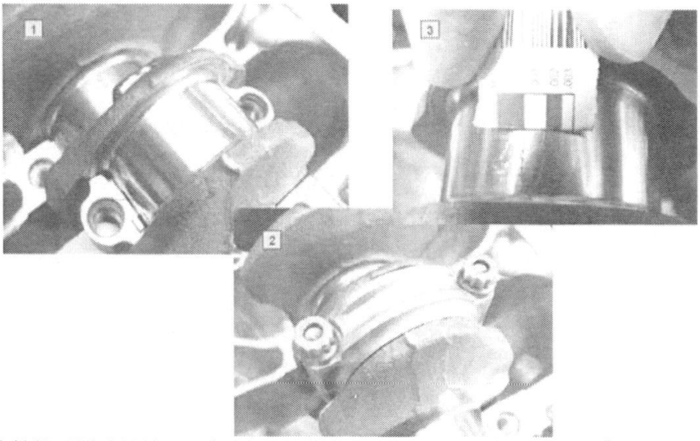 曲軸軸承間隙的檢查一般採用測量法和壓試紙法。其方法是：①在軸頸表面放置試紙；②將瓦蓋裝配上並加以標準千克數；③拆下瓦蓋，將試紙取出並測量厚度，取最小數值。

表(續)

檢驗項目	圖形圖示
曲軸軸承的選配	 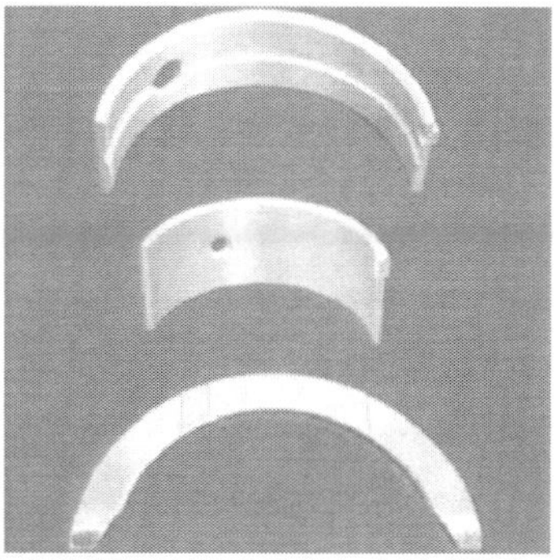 (1) 根據選配要求，一定要統一尺寸地成組選配並按照瓦背上的尺寸選配。 (2) 曲軸軸瓦不能錯放或改變原來安裝位置。
曲軸瓦與曲軸止推墊安裝標記	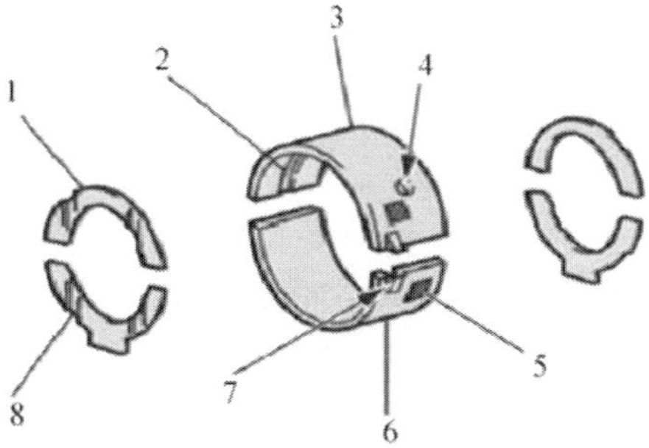 1——止推墊安裝方向　8——止推墊潤滑油槽位置　2——曲軸瓦內油槽　4——廠商標記　5——曲軸瓦維修尺寸標記　3、6——曲軸瓦　7——曲軸瓦固定瓦口 註：安裝曲軸止推墊一定要注意安裝方向。
飛輪的檢修	 飛輪的主要耗損是飛輪工作面的磨損、齒圈磨損或斷齒。在手動變速器的汽車上，飛輪與離合器接觸的一面在使用過程中會產生磨損，嚴重時產生溝槽，因此要對其進行檢測。

第三步：曲軸飛輪組的安裝
操作步驟如下：
（1）將清洗乾淨的曲軸、主軸瓦、曲軸止推墊放入少許機油並安裝到位。
（2）安裝曲軸止推墊時要注意安裝方向，帶油槽的一面朝外。
（3）安裝曲軸前、後油封時，油封的唇部要放入少許機油潤滑。
（4）安裝飛輪（有的發動機可在下面，將曲軸飛輪安裝好）。
第四步：清理、清掃
（1）嚴格按照汽車「4S」店車間管理製度執行，遵守實訓車間「整理、整頓、清理、清掃、安全、素養」的6S管理。
（2）工作任務完成後，首先檢查工具，以防掉入發動機內。
（3）清理工作現場。
（4）對此次工作任務的質量進行講評。

任務拓展

1. 更換曲軸前後油封
根據課時量的安排，可以有機地進行課程整合，目的是對此項任務進行整體認知。
2. 飛輪齒圈的更換

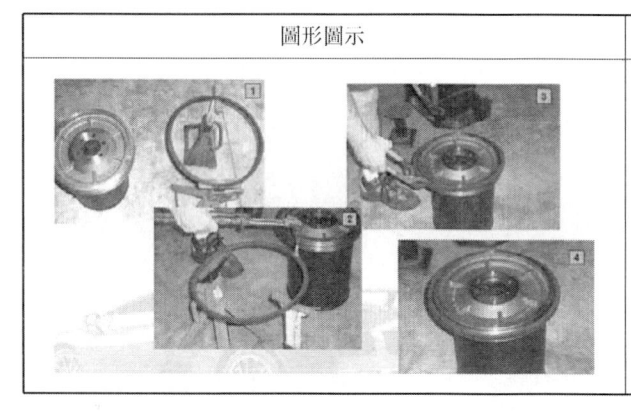

圖形圖示	說明
	飛輪的齒圈有損壞，可進行一次翻轉修復。其方法是加熱飛輪齒圈，然後將齒圈拆下，翻轉後，加熱齒圈，將齒圈重新按要求安裝在飛輪上。當飛輪齒圈損傷嚴重時，需進行更換。 飛輪齒圈更換步驟主要如下： （1）加熱飛輪齒圈，將齒圈拆下。 （2）再加熱新齒圈。 （3）將新齒圈翻個面。 （4）將其安裝在飛輪上。

項目二　曲柄連杆機構

【任務考核與評價】

任務名稱＿＿＿＿＿＿＿＿＿＿＿＿＿＿＿

專業：		班級：	姓名：	指導教師：		
任務考核內容	序號	考核內容	配分	評分標準		得分
	1	正確選用工具、儀器、設備	10	工具選用不當扣1分/每次		
	2	曲軸軸頸測量方法與要領及準確度	30	錯誤扣2分/每處		
	3	曲軸材料、結構等認知	10	錯誤扣2分/每個		
	4	曲軸止推墊和曲軸前後油封的安裝	30	錯誤扣2分/每處		
	5	曲軸飛輪組結構、功用及組成認知	10	錯誤扣2分/每點		
	6	安全操作、無違章	10	出現安全、違章操作，此次實訓考核記零分		
	7	分數合計	100			

	評價	評價標準	評價依據（信息、佐證）	權重	得分小計	總分	備註
任務評價內容	職業素質	1. 遵守維修管理規定 2. 按時完成工作任務 3. 操作規範無違章 4. 工作積極、勤奮好學	1. 工作過程記錄信息 2. 工量具的選用和使用考核信息 3. 工作場地清潔與安全信息	0.2			
	專業技能	1. 按照項目技能評定標準 2. 嚴格執行「安全作業」條例 3. 提倡文明作業，杜絕野蠻違章作業	1. 作業完成情況記錄 2. 項目完成情況記錄 3. 安全操作記錄	0.5			
	知識能力	1. 項目知識認知能力 2. 拓展知識認知能力	1. 問題處理能力記錄 2. 簡答成功率 3. 作業完成情況	0.3			

指導教師綜合評價：

指導教師簽名：　　　　　　　　　　　　　　　　　　日期：

任務 3　活塞連杆組的認識和裝配

> **任務目標**
> （1）瞭解活塞連杆組的結構形式、組成及功用。
> （2）掌握活塞連杆組的檢測方法及維修加工級別認識。
> （3）能按照工藝要求裝配活塞連杆組。

【任務引入與解析】

　　本工作任務是發動機維修常見工作之一。發動機經過長時間的工作，不可避免地會出現異常響聲，根據故障現象會對發動機等週期性運轉的部件進行檢查和檢測。而活塞連杆組主要功能是實現運動的轉換和能量的傳遞，因此，經過初步診斷，會對發動機活塞連杆組進行拆檢。其檢修的主要內容包括活塞的選配、活塞環的選配、活塞銷的選配、連杆組的檢驗與校正等工作內容。

　　通過本工作任務的實施，我們可以完成活塞連杆組的結構、組成以及功用認知等教學任務，通過活塞連杆組的裝配，還能實現配合間隙的認知和裝配技能，為後續課程打下基礎。

【任務準備與實施】

知識準備

一、活塞連杆組的基本認知

　　（1）主要功能：通過活塞連杆組實現運動轉換、能量傳遞。

　　（2）工作條件：活塞在高溫、高壓、高速潤滑不良的條件下工作。活塞直接與高溫氣體接觸，瞬時溫度可達到2,200℃以上，因此，受熱嚴重，而散熱條件又很差，所以活塞工作時溫度很高，頂部高達300~400℃，且溫度分布很不均勻；活塞頂部承受壓力很大，特別是作功行程最大，汽油機高達3~5MPa，柴油機高達6~9MPa，這就使得活塞產生衝擊，並承受側壓力的作用；活塞在氣缸內以高速8~12m/s往復運動，且速度在不斷地變化，這就產生了很大的慣性力，使活塞受到很大的附加載荷。活塞在這種惡劣的條件下工作，會產生變形並加速磨損，還會產生附加載荷和熱應力，同時受到燃氣的化學腐蝕。

　　（3）基本組成：活塞連杆組的結構如圖2-3-1所示，主要由活塞、活塞環、活塞銷和連杆等機件組成。

項目二　曲柄連杆機構

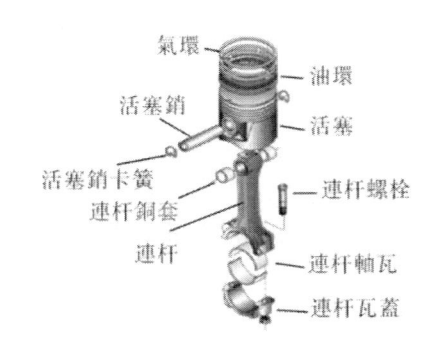

圖 2-3-1　活塞連杆組結構

二、活塞連杆組基本零部件認知

名稱	圖形圖示	說明
活塞總成	(活塞頂部、活塞頭部、活塞裙部圖示；活塞)	主要功用：與氣缸蓋、氣缸壁等共同組成燃燒室；承受氣體壓力，並將此力傳給連杆，以推動曲軸旋轉。 活塞材料： (1) 鋁合金：質量小、導熱性好、熱膨脹系數大。 (2) 灰鑄鐵或耐熱鋼：耐磨、強度高、熱膨脹系數低，但質量較大，很少使用。 活塞的結構：活塞可分為三部分，即活塞頂部、活塞頭部、活塞群部。
活塞頂部形狀	平頂活塞　凸頂活塞　凹頂活塞	汽油機活塞頂部有平頂、凹頂和凸頂等形式。活塞頂部作用是構成燃燒室，承受氣體壓力，其形狀與選擇的燃燒室有關。
活塞裙部形式	(a) 半拖板式　(b) 拖板式	活塞環槽以下的所有部分（它包括裝活塞銷的銷座孔）稱為活塞群部，其作用是引導活塞在氣缸中做往復運動，並承受側壓力。因此，裙部要有一定的長度和足夠的面積，以保證可靠導向和減輕磨損。考慮到輕量化和防止熱膨脹，有些活塞群部開了細長的一字形、T形或U形環槽，熱膨脹的時候這些槽會變窄。

57

表(續)

名稱	圖形圖示	說明
活塞頭部形式	(頂部、頭部、裙部)	活塞頭部：是指活塞頂部至最下面一道活塞環槽之間的部分，作用是承受氣體壓力、防止漏氣、將熱量通過活塞環傳遞給氣缸壁。活塞頭部切有若干環槽，用以安裝活塞環。上面的 2~3 道槽用來安裝氣環，下面的一道用來安裝油環。油環槽的底部鑽有若干小孔，以使油環從缸壁上刮下的多餘潤滑油經此流回油底殼。
銷座的布置方式	(燃燒壓力、壓縮壓力、活塞裙部側壓力)	活塞銷座是活塞通過活塞銷與連杆的連接部分，位於活塞裙部的上部。活塞銷座的作用是將活塞頂部氣體的作用力經活塞銷傳給連杆。 銷座孔的中心線一般與活塞中心線垂直相交，當活塞越過上止點，改變運動方向時，由於側壓力瞬時換向，使活塞與氣缸壁的接觸面突然從一側平移到另一側，活塞會對氣缸壁產生敲擊(俗稱活塞敲缸)。為了減輕活塞換向面引起的敲缸，活塞銷孔中心線向承受做功側壓力的一面偏移 1~2mm。
活塞環	(氣環)	氣環：其作用是保證活塞與氣缸壁間的密封，防止氣缸中的高溫、高壓燃料大量漏入曲軸箱，同時他還將活塞頭的熱量傳導給氣缸壁。一般發動機上有 2~3 道氣環。
	(整體式、組合式、油環)	油環：其作用是刮除氣缸壁上多餘的機油，並在缸壁上部油。通常發動機每活塞裝有 1 道油環。油環分為整體式油環和組合式油環。

表(續)

名稱	圖形圖示	說明
活塞銷常見形狀	圓柱開　兩段截錐與一段圓柱結合　兩段截錐形	活塞銷的作用是連接活塞和連杆小頭，將活塞所承受的氣體壓力傳給連杆。
活塞銷常見連接方式	全浮式　半浮式	活塞銷、活塞銷座孔、連杆小頭襯套孔的連接配合方式有兩種，即全浮式和半浮式。 半浮式：銷與銷座孔和連杆小頭兩處連接，一處固定，一處浮動。 全浮式：活塞銷能在連杆襯套和活塞銷座中自由擺動，使磨損均勻。為防止活塞銷軸向竄動而損壞氣缸壁，在活塞銷座兩端裝有彈性卡環來限位。
連杆大頭的切口形式		作用：連接活塞與曲軸，把活塞的氣體壓力傳給曲軸，使活塞的往復運動變成曲軸的旋轉運動。 結構：小頭用來安裝活塞銷，以連接活塞；杆身常做成「工」字形斷面；大頭與曲軸的連杆軸頸相連。
連杆蓋的定位方式	平切口連杆蓋定位 斜切口連杆蓋定位	大頭一般做成分開式，即連杆體大頭和連杆蓋。分開式又分為平分和斜分。 平切口：結合面與連杆軸線垂直，這種剖分形式，其特點是剛度大，變形小，加工簡單，成本低，多應用於汽油機。 斜切口：曲柄銷直徑較大，所以連杆大頭的尺寸相應較大，要使拆卸時能從氣缸上段取出連杆體，必須採用斜切口，多用於柴油機。

表（續）

名稱	圖形圖示	說明
連杆大頭的定位方式		連杆大頭的定位方式有： ①鋸齒形定位 ②連杆螺栓定位 ③套或銷定位 ④止口定位
連杆軸承	1——鋼背　2——油槽 3——定位凸鍵　4——減磨合金	連杆軸承：也稱連杆軸瓦（俗稱小瓦），裝在連杆大頭內，用以保護連杆軸頸和連杆大頭孔。 結構：鋼背和減摩層組成的分開式薄壁軸承。 鎖止：在軸承的剖分面上，分別衝壓出高於鋼背的兩個定位凸唇，裝配時，這兩個凸唇分別嵌入在連杆大頭和連杆蓋相應的凹槽中。

器材與場所準備

器材（設備、工量具、耗材）	目的	資料準備	教學場所
1. 四行程汽油發動機實物 n 臺。 2. 常用維修工具 n 套（活塞環卡具、活塞環拆裝鉗）。 3. 量具：外徑千分尺（25～50mm、50～75mm、遊標卡尺 0～300mm、塞尺 n 把）。 4. 連杆校正儀等。 註：每組 4～6 人為宜。	實訓認知使用	1. 項目設計 2. 學習任務單 3. 課程教學資料	1. 多媒體教室 2. 發動機實訓室（進行實物零部件認識，與授課零部件圖片對號入座） 註：在理實一體化教室最佳（帶多媒體）

任務實施

本工作任務以活塞連杆組從氣缸上拆裝、活塞環的三隙檢測以及活塞與氣缸壁間隙檢測為主要工作任務入手，目的是培養學生活塞連杆組的拆裝能力和活塞環「三隙」以及活塞與氣缸壁間隙檢測能力。有興趣的同學可以延伸工作任務至各組成部件選配和修理。

第一步：活塞連杆組的拆解
1. 從發動機總成上拆卸活塞連杆組
（1）準備就緒，從發動機總成上拆解活塞連杆組。
（2）將要拆卸的活塞連杆組轉止下止點，使用公斤扳手將連杆緊固螺母旋鬆，然後用快速搖把從機體上將活塞連杆組件拆解下來。
（3）做好各缸活塞連杆組標記並將其組合到一起，擺放整齊。
（4）依次按各缸活塞連杆組件順序擺放整齊，以備查驗，如圖 2-3-2 所示。

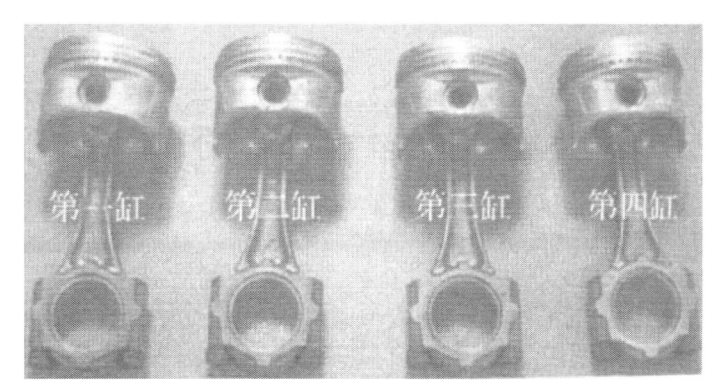

圖 2-3-2　活塞連杆組正確擺放

2. 清洗拆解下來的活塞連杆組
（1）將拆解下來的零部件，用汽油或其他清洗劑進行清洗並檢查。
（2）工作場地要整潔、規範，注意防火，旁邊要備有滅火器材。
（3）用鏟刀、毛刷、鋼絲刷等清潔用具清除積碳等異物，注意不得刮傷或損壞工作面。
（4）在洗滌油盆中加入適量的清洗劑，用毛刷清洗活塞環配合處，然後，用高壓氣體將零部件吹干並依次擺放整齊，工作場景與擺放式樣如圖 2-3-3 所示。

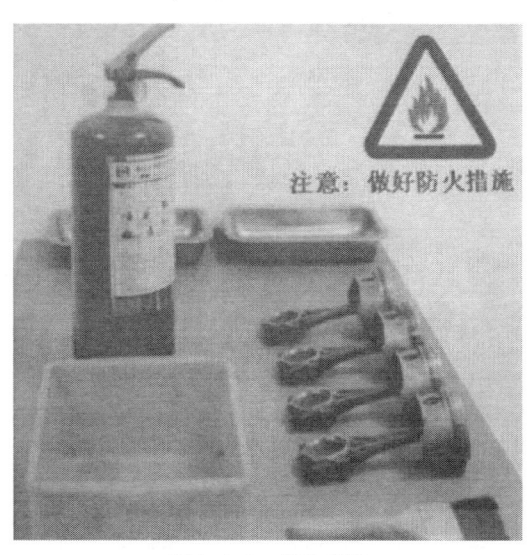

圖 2-3-3　擺放式樣

第二步：活塞環「三隙」檢測與修配

圖形圖示

 活塞環端隙檢查	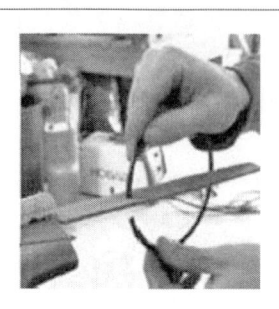 活塞環端面修配

　　檢驗端隙時，將活塞環置入氣缸套內，並用倒置活塞的頂部將環推入氣缸內相應的位置，然後用塞尺測量。若端隙大於規定值應重新選配；若間隙小於規定值時，應用細平銼刀對環口的一端進行銼修。銼修時只能銼修一端，且環口應平整，銼修後應將毛刺去掉，以免在發動機工作時刮傷氣缸壁。

 活塞環側隙檢查	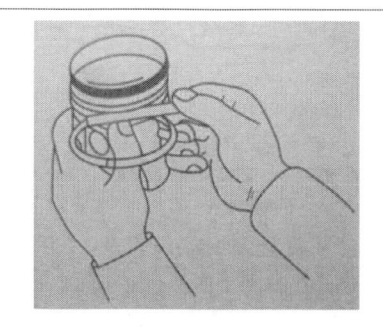 測隙的檢驗方法

　　活塞環應有合適的側隙，以保證機件可靠工作。若側隙過大將使活塞環的泵油作用加劇，使環岸疲勞破碎，加速環的斷裂，使潤滑油消耗增加；側隙過小又會使活塞環卡死在環槽內，環的彈性極度減弱，衝擊應力加劇，不但使氣缸密封性降低，也容易使活塞環折斷。
側隙的檢驗方法如下：
　　將活塞環放入相應的環槽內，用塞尺沿軸向測量一周，應能自由滑動，既不能過鬆，又不能有阻滯現象。若側隙過小時，車削活塞環槽，修整側隙。現代汽車的活塞環一般採用表面噴鉬等表面強化處理，因此，再採用研磨環上下平面的方法修整側隙是錯誤的。
　　為測量方便，通常是將活塞環沉入活塞內，以環槽深度與活塞環徑向厚度的差值來衡量。測量時，將環落入環槽底部，再用深度遊標卡尺測出環外圓柱面沉入環岸的數值，該數值一般為 0~0.35mm。若背隙過小時，應更換活塞環或車深活塞環槽的底部。
　　在實際操作中，通常是以經驗法來判斷活塞環的背隙，即將環置於環槽內，環應低於環岸，且能在槽中滑動自如，無明顯鬆曠感覺即可。

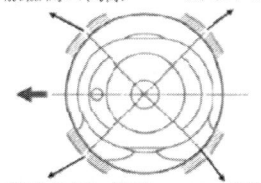

第三步：活塞環的安裝

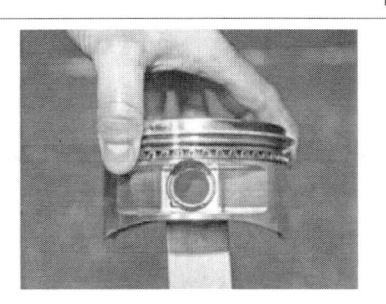

圖形圖示	
活塞環的安裝	活塞環安裝方向和錯口角度

在活塞和連杆安裝完畢後再裝活塞環。安裝時應按一定的順序進行，即先裝油環，然後是第二道氣環，最後裝第一道氣環；安裝好的活塞環要在裝入發動機時，進行潤滑並錯口。具體程序如下：
(1) 首先安裝組合油環，先將襯環裝入活塞的第三道環槽內，再裝襯環兩側刮油環。
(2) 用活塞環拆裝鉗安裝第二道氣環（注意：代碼標記「T」朝上）。
(3) 最後安裝第一道氣環。
(4) 將安裝好的活塞環在油盆裡清洗後擺放整齊，以便安裝到發動機氣缸中。

第四步：活塞連杆組的安裝

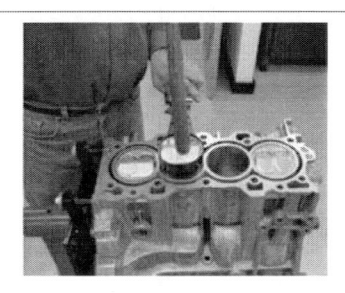

圖形圖示	
用錘把將活塞連杆推入	用扭力扳手緊固連杆螺母

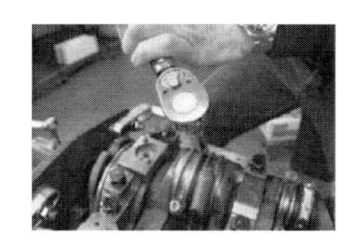

(1) 安裝前的準備：先旋轉曲軸使其第一缸連杆軸頸至下止點位置，搖轉發動機翻轉架至缸體上平面垂直位置，在缸筒內和活塞環上放入少許機油進行潤滑。
(2) 將活塞環 4 個開口調整到安裝技術要求位置並在活塞環內滴入少許潤滑油。
(3) 使活塞裝配標記朝向發動機前方。
(4) 用手錘木柄將活塞連杆組推入氣缸內，安裝連杆瓦蓋及連杆緊固螺母，按要求使用扭力扳手緊固連杆螺母。
(5) 緊固後，檢測連杆軸向、徑向間隙。
安裝好各缸活塞連杆組後，應檢測連杆軸向間隙，方法如下：用厚薄規測量各缸的軸向間隙，連杆軸向間隙標準值一般為 0.150~0.250mm，最大使用極限一般為 0.300mm；如果連杆軸向間隙大於 0.300mm，應更換 4 個缸的連杆總成或曲軸。
註：技術要求按照發動機制造廠商執行。

第五步：清理、清掃

(1) 嚴格按照汽車「4S」店車間管理製度執行，遵守實訓車間「整理、整頓、清理、清掃、安全、素養」的 6S 管理。

（2）工作任務完成後，應首先檢查工具，以防掉入發動機內。
（3）清理工作現場。
（4）對此次工作任務的質量進行講評。

任務拓展

一、活塞的檢驗與選配

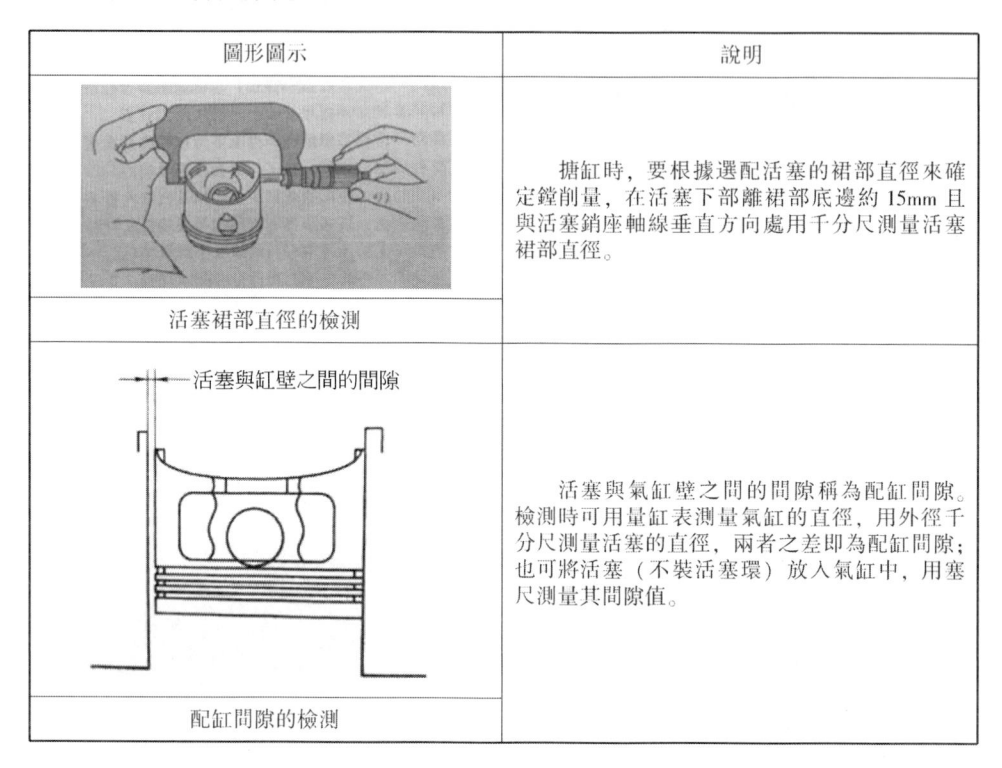

圖形圖示	說明
活塞裙部直徑的檢測	搪缸時，要根據選配活塞的裙部直徑來確定鏜削量，在活塞下部離裙部底邊約 15mm 且與活塞銷座軸線垂直方向處用千分尺測量活塞裙部直徑。
配缸間隙的檢測	活塞與氣缸壁之間的間隙稱為配缸間隙。檢測時可用量缸表測量氣缸的直徑，用外徑千分尺測量活塞的直徑，兩者之差即為配缸間隙；也可將活塞（不裝活塞環）放入氣缸中，用塞尺測量其間隙值。

二、活塞銷的選配與孔的修配

活塞銷（如圖 2-3-4 所示）多用於全浮式連接，與活塞銷座的配合精度要求很高，常溫下有微量的過盈量。在發動機正常工作時，活塞銷與活塞銷座和連杆襯套有微小的間隙。因此，活塞銷可以在銷座和連杆襯套內自由轉動，使得活塞銷的徑向磨損比較均勻，磨損速率也變低。當活塞銷與活塞銷座、連杆襯套的配合間隙超過一定數值時，就會由於配合的鬆曠發生異響。發動機大修時一般應更換活塞銷，以便為小修留有餘地。

圖 2-3-4 活塞銷

選配活塞銷的原則是：同一臺發動機應選用同一廠牌、同一修理尺寸的成組活塞銷，活塞銷表面應無任何銹蝕和斑點，表面粗糙度 $\leq 0.20\mu m$，圓柱度誤差 $\leq 0.002,5mm$，質量誤差在10g範圍內。

為了適應修理的需要，活塞銷設有四級修理尺寸，可以根據活塞銷座、連杆襯套的磨損程度來選擇相應尺寸的活塞銷。

圖形圖示	說明
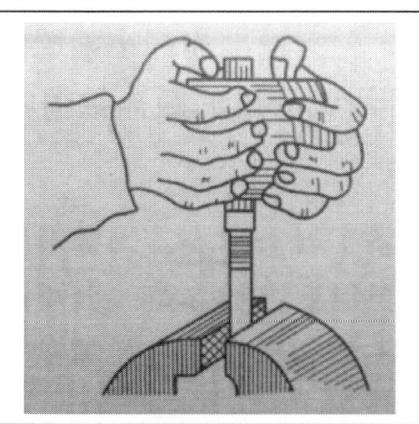	活塞銷與活塞銷座、連杆襯套的配合一般是通過絞削、鏜削或液壓來實現的。其配合要求是：在常溫下，汽油機的活塞銷與銷座配合間隙為 0.002,5~0.007,5mm，與連杆襯套的間隙為 0.005-0.010mm，且要求活塞銷與襯套的接觸面積在75%以上；柴油機活塞銷與銷座的過盈量較大，一般為 0.02~0.05mm，與連杆襯套的間隙也比汽油機大，一般為 0.03~0.05mm。 活塞銷座的手工操作，絞削工藝步驟基本如下：①選擇絞刀；②調整絞刀；③絞削；④試配。
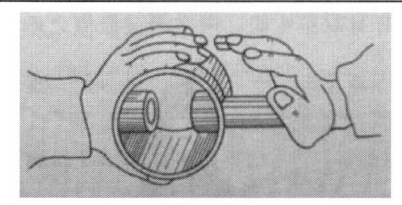	試配：在絞削過程中，每絞削一刀都要用活塞銷試配，以防止絞削過量損壞活塞部件。當絞削到能用手掌力將活塞銷推入一端銷座深度的三分之一時，應停止絞削。此時改用三角刮刀修刮，在接觸面積達到75%以上且接觸面呈點狀均勻時即可。

三、連杆襯套的選配

圖形圖示	說明
 設備壓入連杆襯套	對於全浮式安裝的活塞銷，連杆小頭內壓裝有連杆襯套。發動機在大修時，在更換活塞、活塞銷的同時，必須更換連杆襯套，以恢復其正常配合。連杆襯套與連杆小頭應有一定的過盈量（如桑塔納發動機為 0.06~0.10mm），以保證襯套在工作時不走外圓。可通過分別測量連杆小頭內徑和新襯套外徑的方法求得過盈量。過盈量不可過大，否則在壓裝時會將襯套壓裂。

表(續)

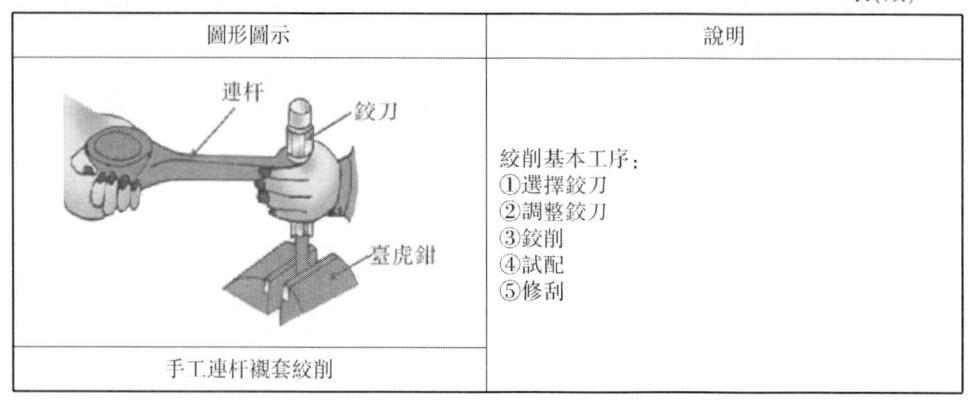

圖形圖示	說明
手工連杆襯套絞削（連杆、絞刀、臺虎鉗）	絞削基本工序： ①選擇絞刀 ②調整絞刀 ③絞削 ④試配 ⑤修刮

【任務考核與評價】

任務名稱＿＿＿＿＿＿＿＿＿＿＿＿＿＿

專業：		班級：	姓名：		指導教師：	
任務考核內容	序號	考核內容	配分	評分標準		得分
	1	正確選用工具、儀器、設備	10	工具選用不當扣1分/每次		
	2	能正確拆裝活塞連杆組	30	錯誤扣2分/每處		
	3	認知活塞連杆組件功用和結構	10	錯誤扣2分/每個		
	4	活塞環「三隙」測量的要領及準確度	30	錯誤扣2分/每處		
	5	簡述將活塞連杆組裝入機體內的基本要領和步驟	10	錯誤扣2分/每點		
	6	安全操作、無違章	10	出現安全、違章操作，此次實訓考核記零分		
	7	分數合計	100			

	評價	評價標準	評價依據（信息、佐證）	權重	得分小計	總分	備註
任務評價內容	職業素質	1. 遵守維修管理規定 2. 按時完成工作任務 3. 操作規範無違章 4. 工作積極、勤奮好學	1. 工作過程記錄信息 2. 工量具的選用和使用考核信息 3. 工作場地清潔與安全信息	0.2			
	專業技能	1. 按照項目技能評定標準 2. 嚴格執行「安全作業」條例 3. 提倡文明作業，杜絕野蠻違章作業	1. 作業完成情況記錄 2. 項目完成情況記錄 3. 安全操作記錄	0.5			
	知識能力	1. 項目知識認知能力 2. 拓展知識認知能力	1. 問題處理能力記錄 2. 簡答成功率 3. 作業完成情況	0.3			

表(續)

指導教師綜合評價：

指導教師簽名：　　　　　　　　　　　　　　日期：

項目三
配氣機構

【項目概述】

　　配氣機構是發動機的重要組成部分之一。它的作用是根據發動機每一氣缸的工作循環要求，定時打開和關閉各氣缸的進、排氣門，使新鮮可燃混合氣（汽油機）或空氣（柴油機）得以及時進入氣缸，而氣缸內可燃混合氣燃燒所產生的廢氣得以及時從氣缸內排出，使換氣過程最佳，以保證發動機在各種工況下工作時都能有效發揮最好的性能。

　　現代汽車發動機一般採用頂置氣門式配氣機構，主要由氣門組和氣門傳動組兩部分組成，不同的汽車發動機，其配氣機構的具體結構也會有所不同。

　　本項目將從三個工作任務入手，讓同學們通過工作任務能夠認知配氣機構組成、功用及基本結構，掌握更換正時皮帶和氣門油封的能力。通過任務掌握基本結構以及各個結構類型的區別，為深入學習診斷和排除汽車發動機故障打下良好基礎。

【項目要求】

（1）瞭解配氣機構的基本結構形式。
（2）掌握氣門組和氣門傳動組拆裝方法和技術要領。
（3）熟悉氣門組和氣門傳動組潤滑油道方向和位置。
（4）能夠調整點火正時和安裝正時皮帶。
（5）能夠調整氣門間隙（可調整式）。
（6）知道配氣機構組成和功用。
（7）收集發動機配氣機構相關資料，制訂計劃。
（8）能撰寫項目工作總結。

【項目任務與課時安排】

項目	任務	任務	教學方法	學時分配	學時總計
項目三 配氣機構	任務1	配氣機構的認識與氣門間隙調整	微課+實訓	8	24
	任務2	氣門組認識與更換氣門油封	理實一體化	8	
	任務3	氣門傳動組認識與更換安裝正時皮帶	理實一體化	8	

任務 1　配氣機構的認識與氣門間隙調整

> **任務目標**
> （1）瞭解配氣機構的基本結構形式。
> （2）掌握配氣機構的組成和功用。
> （3）能規範進行氣門間隙調整技能。

【任務引入與解析】

配氣機構是發動機重要組成部分之一，主要由氣門組和氣門傳動組兩部分組成。其功用就是保證發動機在各種工況時都能實時有效地發揮其最好的性能，定時地將各氣缸進氣門和排氣門打開和關閉，以便發動機進行換氣。

為了更直觀地認識配氣機構的基本結構形式，我們採用微課或多媒體授課方式，以動漫演示配氣相位角的變化過程，多媒體講解基本結構形式。通過各結構形式的對比講解，使學生充分認識和理解配氣機構結構形式多樣化的特點，明白各個結構形式的優劣，為後續發動機故障診斷與排除打下良好的基礎。

配氣機構的檢測是汽車維修常見工作任務之一，更是汽車維修作業人員必須具備的基本能力。要調整氣門間隙，首先應瞭解配氣機構的組成以及配氣相位的相關知識。

現有一北京 2020 型吉普車發動機怠速運轉時，能聽到有節奏的「嗒」「嗒」「嗒」響聲；轉速升高時，響聲也隨之升高，但不是沉悶聲，經檢查發動機斷火試驗，響聲不變化。有經驗的技術人員初步斷定為氣門腳響，要求對發動機氣門間隙進行檢查與調整。

【任務準備與實施】

知識準備

一、配氣機構的功用

目前四行程汽車發動機都採用氣門式配氣機構：其功用是按照發動機的工作順序和工作循環的要求，定時開啟和關閉各氣缸的進、排氣門，使新氣及時進入氣缸，廢氣得以及時從氣缸內排出。在壓縮與膨脹行程中，保證燃燒室的密封。所謂新氣，對於汽油機來說就是汽油與空氣的混合物，對於柴油機來說則為純淨的空氣。

在進氣行程中，實際進入氣缸內的新氣質量與進氣系統進口狀態下，充滿氣缸工作容積的新氣質量之比即為充氣效率，它表示燃氣或空氣充滿氣缸的程度。充氣效率越高，表明進入氣缸的新氣越多，可燃混合氣燃燒時可能放出的熱量也就越大，發動機的有效功率和轉矩也越大。因此，配氣機構首先要保證進氣充分，進氣量盡可能地多；同時，廢氣要排乾淨，因為氣缸內殘留的廢氣越多，進氣量將會越少。

二、配氣機構的組成與分類

類別	圖形圖示	說明
配氣機構的基本組成	氣門組、氣門傳動組	配氣機構組成： 1. 氣門組（氣門、氣門導管、氣門座及氣門彈簧等零件） 2. 氣門傳動組（凸輪軸、正時齒輪、挺柱及其導管、推杆、搖臂和搖臂軸等零件） 氣門組的作用：主要是封閉進、排氣道。 氣門傳動組的作用：主要是使進、排氣門按配氣相位規定的時刻開啟或關閉。
按氣門組的布置分類	側置式　頂置式	配氣機構按氣門組的布置位置不同可分為頂置式和側置式兩種，目前廣泛採用的是頂置式結構，即進、排氣門置於氣缸蓋內，倒掛在氣缸頂上。在這裡以頂置式配氣機構為基礎。
按凸輪的布置分類	凸軸輪下置　凸軸侖中置　凸軸輪上置	按凸輪的布置位置分類，有三種類型的配氣機構，即下置式、中置式和上置式。 現代轎車使用的高速發動機大多採用上置式結構形式（此為重點講授內容）。

三、配氣相位的認識

發動機在換氣過程中，若能夠做到排氣徹底，進氣充分，則可以提高充氣係數，增大發動機的輸出功率。四行程的每個工作行程，其曲軸都要轉180°。現代發動機轉速很高，一個行程經歷的時間很短（如上海桑塔納的四衝程的發動機，在最大功率的發動機轉速達5,600r/min，一個行程的時間只有0.005,4s）。這樣短時間的進氣和排氣過程往往會使發動機充氣不足或者排氣不淨，從而使發動機功率下降。因此，現在發

動機都延長進、排氣時間，即氣門的開啓和關閉時刻並不正好是活塞處於上止點和下止點的時刻，而是分別提前或延遲一定的曲軸轉角，以改善進、排氣狀況，從而提高發動機動力性。

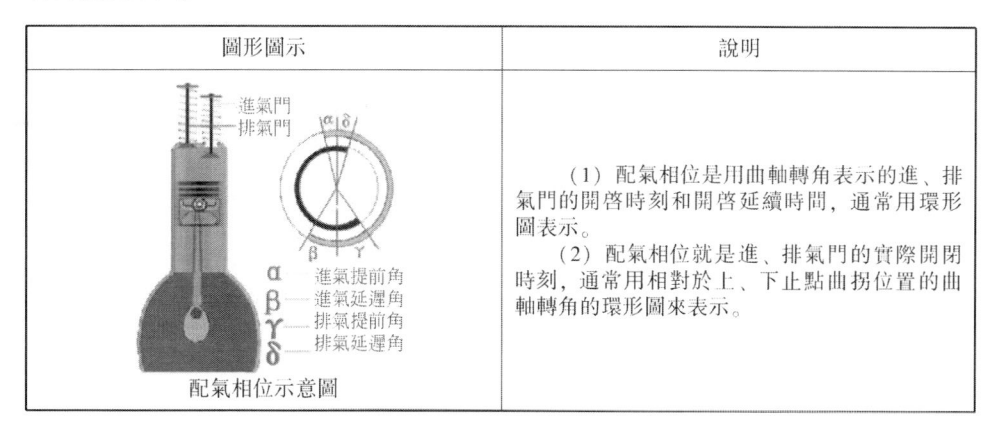

圖形圖示	說明
配氣相位示意圖	（1）配氣相位是用曲軸轉角表示的進、排氣門的開啓時刻和開啓延續時間，通常用環形圖表示。 （2）配氣相位就是進、排氣門的實際開閉時刻，通常用相對於上、下止點曲拐位置的曲軸轉角的環形圖來表示。

四、氣門間隙的認識與調整方法

1. 氣門預留間隙的認識

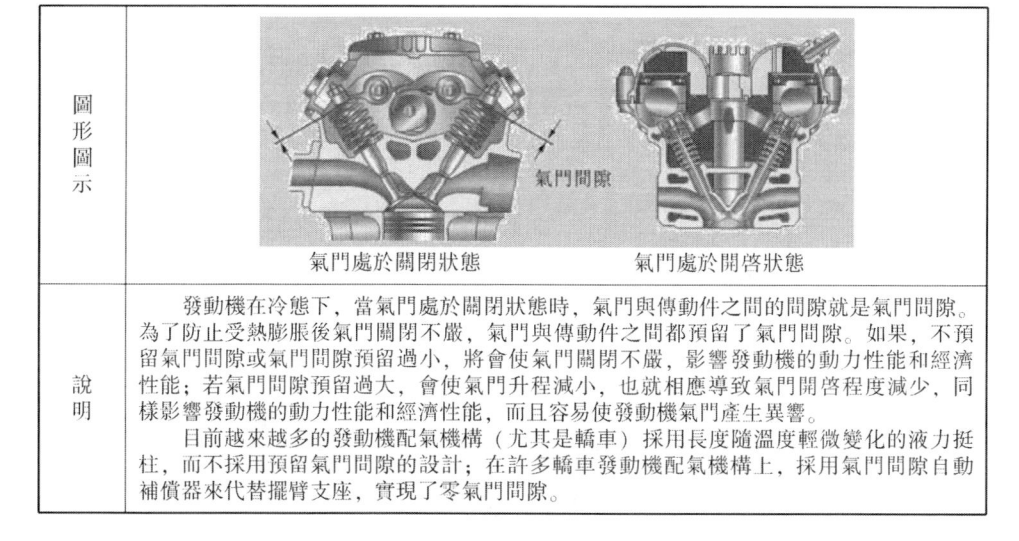

圖形圖示	（氣門處於關閉狀態／氣門處於開啓狀態）
說明	發動機在冷態下，當氣門處於關閉狀態時，氣門與傳動件之間的間隙就是氣門間隙。為了防止受熱膨脹後氣門關閉不嚴，氣門與傳動件之間都預留了氣門間隙。如果，不預留氣門間隙或氣門間隙預留過小，將會使氣門關閉不嚴，影響發動機的動力性和經濟性能；若氣門間隙預留過大，會使氣門升程減小，也就相應導致氣門開啓程度減少，同樣影響發動機的動力性和經濟性能，而且容易使發動機氣門產生異響。 目前越來越多的發動機配氣機構（尤其是轎車）採用長度隨溫度輕微變化的液力挺柱，而不採用預留氣門間隙的設計；在許多轎車發動機配氣機構上，採用氣門間隙自動補償器來代替擺臂支座，實現了零氣門間隙。

2. 氣門易出故障原因的認識

氣門燒損以排氣門最為常見，其基本原因是氣門座的扭曲和積碳。此外，如氣門間隙調整不當、磨損過度等也能引起氣門的燒損。

當氣門座扭曲時，氣門密封面溫度及之間的局部壓力同時增加。氣門密封面上往往出現溝槽，經高溫氣體的衝刷便會形成燒損。當氣門密封面及氣門座積碳嚴重時，就會使傳熱條件惡化，也容易產生變形，導致氣門燒損。

間隙過大：進、排氣門開啓遲後，縮短了進排氣時間，降低了氣門的開啓高度，改變了正常的配氣相位，使發動機因進氣不足、排氣不淨而功率下降。此外，還使配氣機構零件的撞擊增加，磨損加快。

間隙過小：發動機工作後，零件受熱膨脹，將氣門推開，使氣門關閉不嚴，造成漏氣，功率下降，並使氣門的密封表面嚴重積碳或燒壞，甚至氣門撞擊活塞，造成機械事故。

3. 檢查和調整氣門間隙的方法

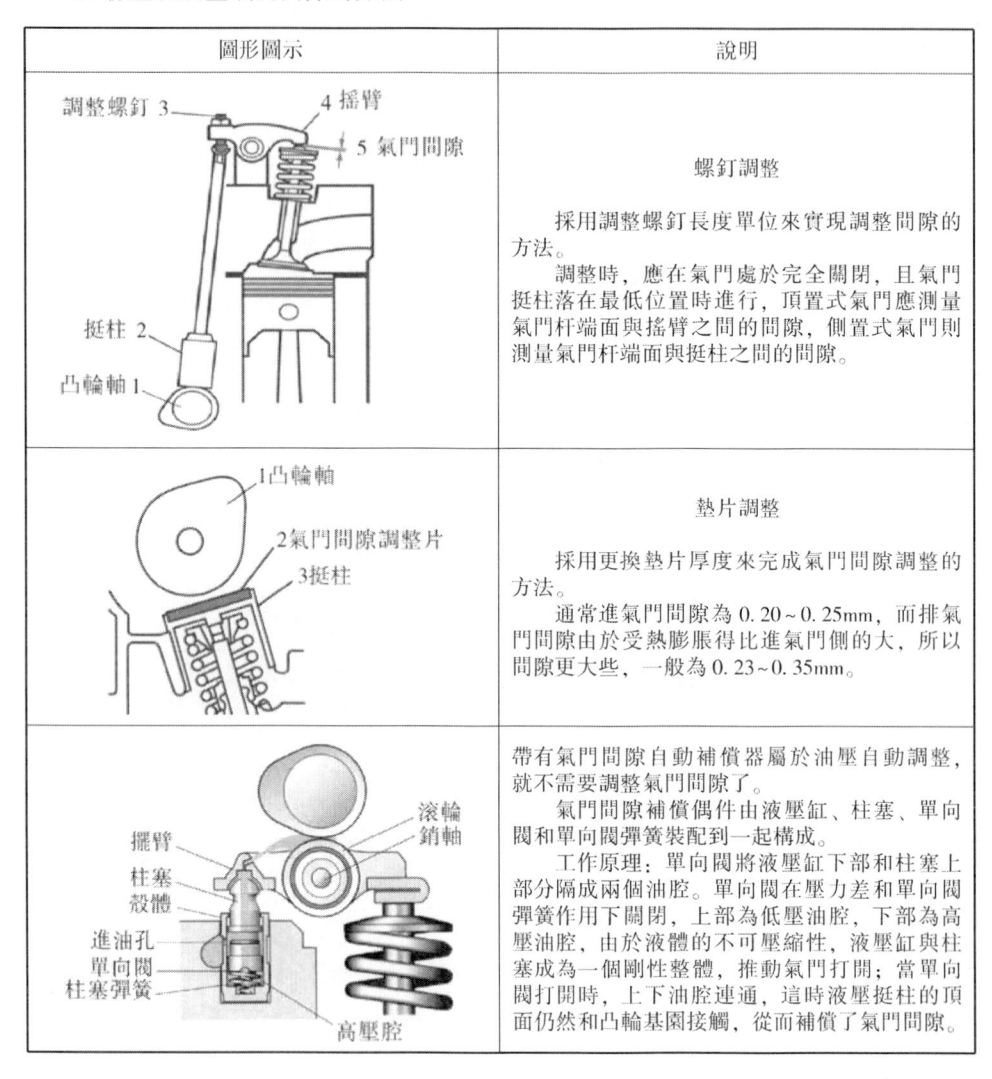

圖形圖示	說明
（調整螺釘3、搖臂4、氣門間隙5、挺柱2、凸輪軸1）	**螺釘調整** 採用調整螺釘長度單位來實現調整間隙的方法。 調整時，應在氣門處於完全關閉，且氣門挺柱落在最低位置時進行，頂置式氣門應測量氣門杆端面與搖臂之間的間隙，側置式氣門則測量氣門杆端面與挺柱之間的間隙。
（1凸輪軸、2氣門間隙調整片、3挺柱）	**墊片調整** 採用更換墊片厚度來完成氣門間隙調整的方法。 通常進氣門間隙為 0.20~0.25mm，而排氣門間隙由於受熱膨脹得比進氣門側的大，所以間隙更大些，一般為 0.23~0.35mm。
（滾輪銷軸、擺臂、柱塞、殼體、進油孔、單向閥、柱塞彈簧、高壓腔）	帶有氣門間隙自動補償器屬於油壓自動調整，就不需要調整氣門間隙了。 氣門間隙補償偶件由液壓缸、柱塞、單向閥和單向閥彈簧裝配到一起構成。 工作原理：單向閥將液壓缸下部和柱塞上部分隔成兩個油腔。單向閥在壓力差和單向閥彈簧作用下關閉，上部為低壓油腔，下部為高壓油腔，由於液體的不可壓縮性，液壓缸與柱塞成為一個剛性整體，推動氣門打開；當單向閥打開時，上下油腔連通，這時液壓挺柱的頂面仍然和凸輪基圓接觸，從而補償了氣門間隙。

器材與場所準備

器材（設備、工量具、耗材）	資料準備	教學場所
設備：四行程汽油發動機總成 n 臺 工量具：（1）量具（塞尺） 　　　　（2）工具（扭力扳手、常規工具等） 耗材：棉紗或棉布、汽油、刮刀 註：根據班級人數確定設備數量，每組 4~6 人適宜。	1. 項目設計 2. 學習任務單 3. 課程教學資料	1. 多媒體教室 2. 發動機實訓室 註：在理實一體化教室最佳（帶多媒體）

任務實施

氣門間隙的調整

第一步：氣門間隙的檢查

（1）使用工具拆下氣門室蓋的固定螺絲，小心取下氣門室蓋，注意不要損壞氣門室蓋襯墊。用抹布擦淨氣門及搖臂軸上的油污，以方便氣門調整作業。

（2）搖轉曲軸，使一缸處於壓縮上止點位置。從發動機前面看，曲軸皮帶輪的正時凹坑與正時記號對準。

（3）用符合氣門間隙的塞尺插入氣門與氣門搖臂之間，來回抽動塞尺尺片檢查，以拉動尺片感覺稍有阻力為合適，否則，氣門間隙應進行調整。調整位置與方法如圖 3-1-1 所示。

螺釘式檢查 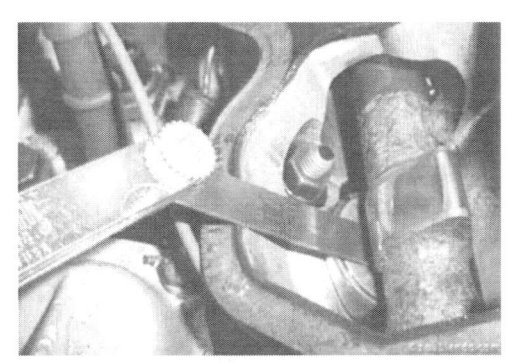　　　　　　　　　墊片式檢查
圖 3-1-1　氣門間隙檢查

第二步：氣門間隙的調整

1. 氣門調整常用方法

（1）逐缸調整法。首先找到任意一缸壓縮終點，調整該缸進排氣門間隙，然後搖轉曲軸（從發動機前端看），按點火順序逐缸進行即可。

對於 4 缸發動機來說：每轉動 180°，即可按點火順序 1-3-4-2 的順序調整發火缸的氣門間隙；對於 3 缸發動機則是每轉 240°，即可按點火順序 1-2-3 的順序調整發火缸的氣門間隙；對於 6 缸發動機則是每轉 120°，即可按點火順序 1-5-3-6-2-4 的順序調整發火缸的氣門間隙。

值得注意的是，曲軸旋轉的角度可用飛輪齒圈的齒數進行換算。

（2）兩次調整法，即搖轉曲軸兩次，就可將發動機的所有氣門都進行檢查調整完畢的方法。我們以六缸發動機按 1—5—3—6—2—4 點火工作順序為例說明如下：

①先將一缸活塞置於壓縮上止點，則該缸的進排氣門必然可調整。

②按「二進三排」的原則，即此時二缸的進氣門和三缸的排氣門必然處於完全關閉狀態，它們也是可以進行檢查、調整的。

③連杆軸徑在同一平面上的兩個氣缸，一次只能調整一對氣門，所以此時五缸的排氣門和四缸的進氣門也必然可以檢查調整。

④轉動飛輪 360°，讓六缸活塞位於壓縮終點，則其餘未檢查和調整的氣門必然處於完全關閉狀態，此時可對剩餘氣門進行調整。

2. 調整要領與注意事項

調整氣門間隙時，鎖死螺母時會改變塞尺的鬆緊度，即改變間隙值。所以在調整時，要留鎖死螺母的提前量。一般鎖死會使間隙量變大，所以要讓塞尺感覺稍微緊點，鎖死後間隙就正合適，可以避免反覆調整，節省時間。其手法與工具配合如圖 3-1-2 所示。

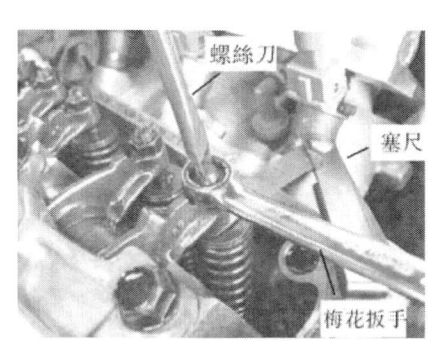

圖 3-1-2　氣門間隙調整

第三步：裝復檢查

（1）當氣門間隙全部調整好了以後，應再用厚薄規逐缸檢查一遍，如有不合格的間隙，一定要調整到正確為止。待全部氣門間隙都正確後，再檢查一下所有的固定螺釘是否已鎖緊。

（2）裝復氣缸蓋罩。氣門間隙調整完畢後，用抹布擦淨襯墊、氣缸蓋罩和缸蓋的結合面，然後小心地將氣缸蓋罩放置於缸蓋上，並對準螺栓孔固定。

裝復其他配件，起動發動機進行檢驗，查看是否有氣門響聲或運轉不平穩的現象。如果有氣門響聲或運轉不平穩現象，說明氣門間隙需要再調整。初次調整氣門，容易出現上述現象。因此，必須認真操作，避免返工。

第四步：清理、清掃

（1）嚴格按照汽車「4S」店車間管理製度執行，遵守實訓車間「整理、整頓、清理、清掃、安全、素養」的 6S 管理。

（2）工作任務完成後，首先檢查工具，以防掉入發動機內。

（3）清理工作現場。

（4）對此次工作任務的質量進行講評。

任務拓展

1. 更換氣門調整片式調整氣門間隙

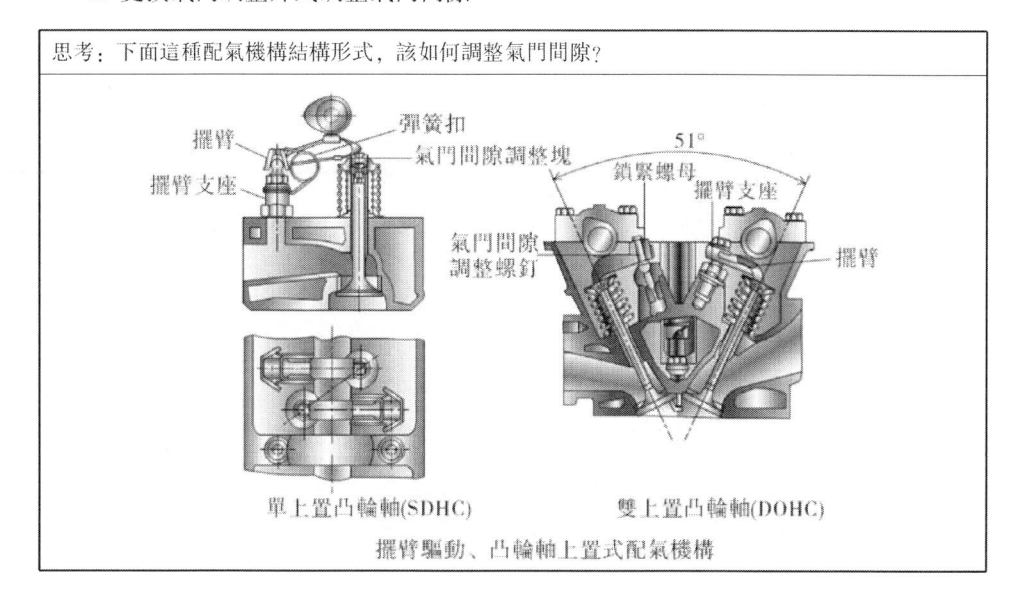

思考：下面這種配氣機構結構形式，該如何調整氣門間隙？

擺臂驅動、凸輪軸上置式配氣機構

2. 根據配氣相位原理，說明發動機各工作行程的實際運行轉角

【任務考核與評價】

任務名稱＿＿＿＿＿＿＿＿＿＿

專業：		班級：	姓名：	指導教師：	
任務考核內容	序號	考核內容	配分	評分標準	得分
	1	正確選用工具、儀器、設備	10	工具選用不當扣 1 分/每次	
	2	說出檢測氣門間隙的方法與要領及準確度	30	錯誤扣 2 分/每處	
	3	配氣機構功能和組成認知	10	錯誤扣 2 分/每個	
	4	氣門間隙測量實操	40	錯誤扣 2 分/每處	
	5	安全操作、無違章	10	出現安全、違章操作，此次實訓考核記零分	
	6	分數合計	100		

	評價	評價標準	評價依據 （信息、佐證）	權重	得分 小計	總分	備註
任務評價內容	職業素質	1. 遵守維修管理規定 2. 按時完成工作任務 3. 操作規範無違章 4. 工作積極、勤奮好學	1. 工作過程記錄信息 2. 工量具的選用和使用考核信息 3. 工作場地清潔與安全信息	0.2			
	專業技能	1. 按照項目技能評定標準 2. 嚴格執行「安全作業」條例提倡文明作業，杜絕野蠻違章作業	1. 作業完成情況記錄 2. 項目完成情況記錄 3. 安全操作記錄	0.5			
	知識能力	1. 項目知識認知能力 2. 拓展知識認知能力	1. 問題處理能力記錄 2. 簡答成功率 3. 作業完成情況	0.3			

指導教師綜合評價：

指導教師簽名：　　　　　　　　　　　　　　　　　　　　　　　日期：

任務2　氣門組認識與更換氣門油封

任務目標
（1）瞭解氣門組的基本結構形式。
（2）掌握氣門組的基本組成和功用。
（3）規範更換氣門油封。

【任務引入與解析】

由於氣門工作環境所致，更換氣門油封也成為發動機維修常見工作之一。在本工作任務實施過程中，我們可以認識氣門組的結構形式，掌握氣門組的組成和功用，熟悉氣門的潤滑過程以及裝配技能。

在汽車發動機長時間的工作中，氣門組零部件環境溫度高、往復運動頻繁，再加上其潤滑條件相對較差，隨著磨損和各種部件損傷的加重，隨時會出現氣門油封老化漏油的現象，導致潤滑油進入燃燒室燃燒，加劇潤滑油的消耗。這就要求我們對氣門油封進行更換，改變潤滑油消耗過多的現象。

項目三　配氣機構

【任務準備與實施】

知識準備

一、氣門組的總體認識

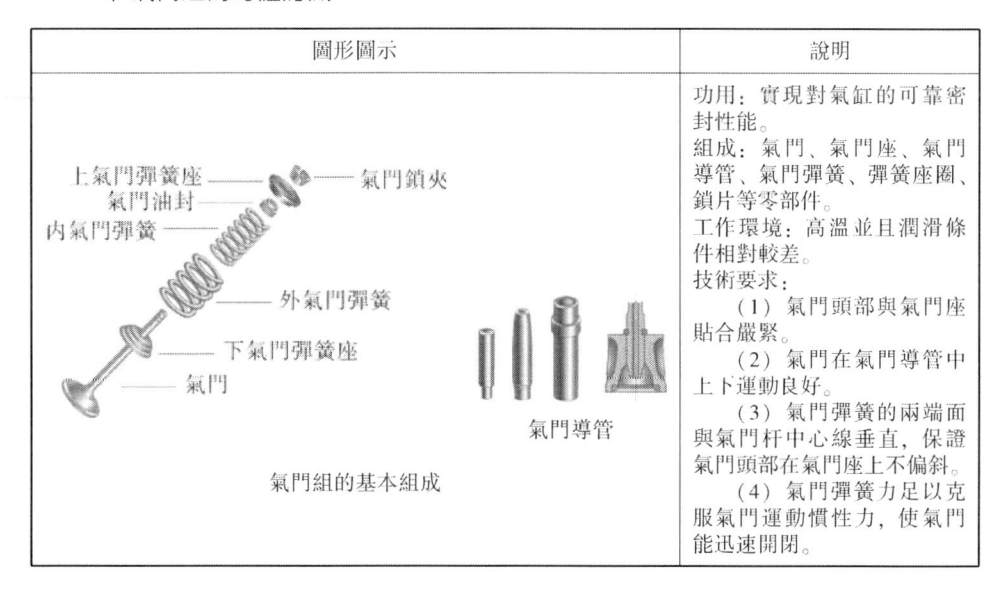

圖形圖示	說明
氣門組的基本組成（上氣門彈簧座、氣門油封、內氣門彈簧、外氣門彈簧、下氣門彈簧座、氣門、氣門鎖夾、氣門導管）	功用：實現對氣缸的可靠密封性能。 組成：氣門、氣門座、氣門導管、氣門彈簧、彈簧座圈、鎖片等零部件。 工作環境：高溫並且潤滑條件相對較差。 技術要求： （1）氣門頭部與氣門座貼合嚴緊。 （2）氣門在氣門導管中上下運動良好。 （3）氣門彈簧的兩端面與氣門杆中心線垂直，保證氣門頭部在氣門座上不偏斜。 （4）氣門彈簧力足以克服氣門運動慣性力，使氣門能迅速開閉。

二、氣門組主要零部件認識

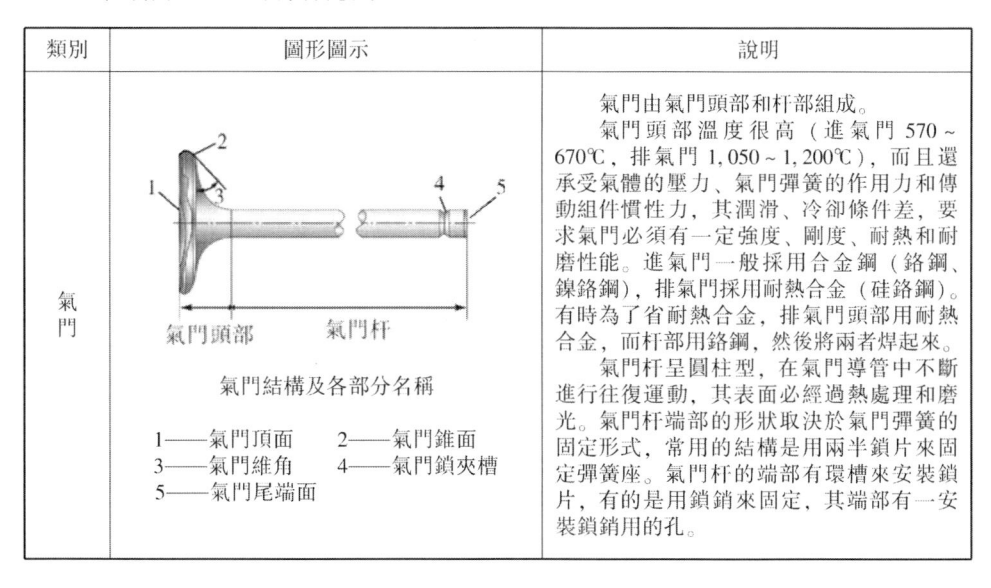

類別	圖形圖示	說明
氣門	氣門結構及各部分名稱 1——氣門頂面　2——氣門錐面 3——氣門錐角　4——氣門鎖夾槽 5——氣門尾端面	氣門由氣門頭部和杆部組成。 氣門頭部溫度很高（進氣門 570～670℃，排氣門 1,050～1,200℃），而且還承受氣體的壓力、氣門彈簧的作用力和傳動組件慣性力，其潤滑、冷卻條件差，要求氣門必須有一定強度、剛度、耐熱和耐磨性能。進氣門一般採用合金鋼（鉻鋼、鎳鉻鋼），排氣門採用耐熱合金（硅鉻鋼）。有時為了省耐熱合金，排氣門頭部用耐熱合金，而杆部用鉻鋼，然後將兩者焊起來。 氣門杆呈圓柱型，在氣門導管中不斷進行往復運動，其表面必經過熱處理和磨光。氣門杆端部的形狀取決於氣門彈簧的固定形式，常用的結構是用兩半鎖片來固定彈簧座。氣門杆的端部有環槽來安裝鎖片，有的是用鎖銷來固定，其端部有一安裝鎖銷用的孔。

表(續)

類別	圖形圖示	說明
氣門	氣門頂面的形狀 (a) 平頂　(b) 凹頂　(c) 凸頂	氣門頭部的形狀有平頂、球面頂和喇叭頂等，一般是使用平頂的。平頂氣門頭部結構簡單、製造方便、吸熱面積小、質量較小、進排氣門都可以使用。球面頂氣門適用於排氣門，其強度高、排氣阻力小、廢氣消除效果好，但其受熱面積大，質量和慣性大，加工復雜。喇叭型有一定的流線，可減少進氣阻力，但其頭部受熱面積大，只適合進氣門。
	45°　　30° 氣門錐角	氣門密封面的角度一般是45°，有些是30°（CA1091性汽車6102型發動機）。30°的氣門是考慮升程相同的情況下，氣門錐度小，氣門通過端面大，進氣阻力小，但由於錐度小的氣門頭部邊緣較薄，剛度小，密封性與導熱性差，一般用於進氣門。氣門邊緣的厚度一般為1~3mm，以防止工作中與氣門座衝擊而損壞或被高溫燒壞。為了減少進氣阻力，提高氣缸進氣效率，多數發動機進氣門比排氣門大，用過的進氣門與排氣門顏色也不同。
氣門導管	氣門尾端的形狀 1——氣門尾端　2——氣門鎖夾 3——卡塊　4——圓柱銷 氣門導管	氣門導管是起導向作用，保證氣門做直線運動，使氣門與氣門座能正確貼合。此外，氣門導管還在氣門桿與氣缸體之間起導熱作用。 氣門導管的工作溫度較高，約500K，氣門桿在其中運動，緊靠配氣機構飛濺出來的機油進行潤滑，易磨損，所以氣門導管大多數是用灰鑄鐵、球墨鑄鐵等製造的。 氣門導管外圓柱面經過機加工後壓入氣缸蓋，為了防止氣門導管在使用中鬆脫，有的發動機用卡環定位。氣門桿與氣門導管之間有0.05~0.12mm間隙，使氣門桿能在導管中自由運動。

項目三　配氣機構

表(續)

類別	圖形圖示	說明
氣門座圈	氣門座圈	氣門座可以在氣缸蓋（氣門頂置）或氣缸體（氣門側置）上直接搪出和氣門座用交好的材料單獨製作，然後鑲嵌到氣缸蓋或氣缸體上。他們與氣門的頭部共同對氣缸起密封作用，並接受氣門出來的熱量。 　　進氣門的溫度較低，可以直接搪出，但排氣門的溫度較高，潤滑條件較差，極易磨損，多用鑲嵌式。鑲嵌式的缺點是導熱性差、加工精度高、容易脫落，一般直接搪出來好。若用鋁合金的氣缸蓋，由於鋁合金材質軟，進、排氣門均需鑲嵌。
氣門彈簧	氣門彈簧	氣門彈簧的功用是克服在氣門關閉過程中氣門及傳動件的慣性力，防止各傳動件之間由於慣性的作用產生間隙，保證氣門及時坐落亞進密接出，防止氣門在發動機震動時發生跳動，破壞其密封性。 　　氣門彈簧多為圓柱型螺旋彈簧，其材料為高炭錳鋼冷拔鋼絲，加工後熱處理，鋼絲表面要磨光、拋光或用噴丸處理。為了防止其生鏽，表面需鍍鋅。

器材與場所準備

器材（設備、工量具、耗材）	目的	資料準備	教學場所
設備：四行程汽油發動機實物n臺 工具：常用維修工具n套（氣門彈簧拆裝鉗、氣門油封拆裝鉗） 量具：遊標卡尺（0~300mm） 耗材：氣門油封、汽油1L、棉紗及缸床墊。 註：根據班級人數確定設備數量，每組4~6人為宜。	實訓認知使用實操拆裝使用	1. 項目設計 2. 學習任務單 3. 課程教學資料	1. 多媒體教室 2. 發動機實訓室 註：在理實一體化教室最佳（帶多媒體）

任務實施

更換氣門油封

第一步：拆卸凸輪軸

圖形圖示	拆卸步驟及注意事項
	現以豐田5A發動機為例，拆解步驟如下： （1）拆卸正時皮帶、氣門室蓋。 （2）查看各個凸輪軸軸瓦的標記和位置。沒有標記方位時，請自己做標記，以便裝復回位。
	（3）使用輕型扭力扳手旋鬆凸輪軸軸瓦蓋緊固螺栓，操作時，每道瓦蓋先鬆動泄力，然後使用快速扳手將螺栓依次拆下，並將瓦蓋依順序擺放有序。 注意：凸輪軸瓦蓋上有方位指示箭頭，若是雙凸輪軸的還有進氣標示I和排氣標示E等字樣，分別是進氣凸輪軸英文的第一個字母和排氣凸輪軸的第一個英文字母。
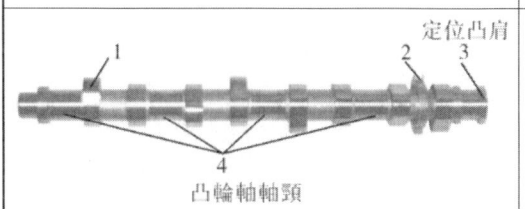 定位凸肩 凸輪軸軸頸	（4）取下凸輪軸，平整或垂直擺放，以免引起部件變形。 （5）清潔拆卸下來的零部件，擺放整齊有序，以備查驗。

第二步：拆卸氣門組件並更換氣門油封

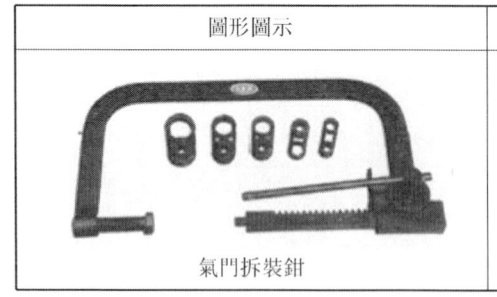

圖形圖示	拆卸步驟
氣門拆裝鉗	1. 拆卸氣門組件 （1）用氣門專用工具（氣門拆裝鉗）拆解氣門組。 （2）在安裝氣門拆裝鉗前先用手錘適度擊打一下氣門杆，然後再安裝氣門拆裝鉗，拆卸氣門。

表(續)

圖形圖示	拆卸步驟
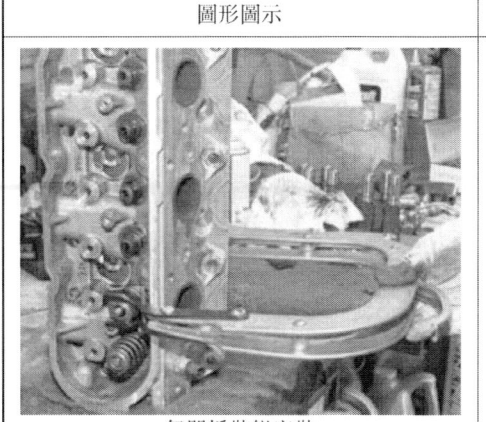 氣門拆裝鉗安裝	（3）壓縮氣門拆裝鉗，將氣門鎖片暴露出來，用小型螺絲刀將氣門鎖片分離並取出。 （4）將拆解下來的零部件一一擺放整齊，取下順序依次為氣門鎖片、彈簧座圈、彈簧及氣門。各組氣門不可對換使用。 （5）清洗拆解下來的零部件並檢查氣門組等零部件。 （6）使用氣門油封鉗將氣門油封取出。 （7）清洗氣門導管周圍積碳、污垢，並用高壓空氣吹淨。
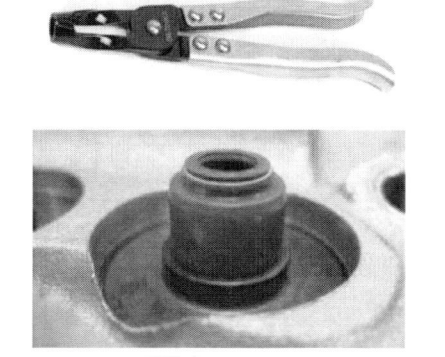	2. 安裝氣門油封 （1）清潔氣門組零部件，用少許潤滑油潤滑氣門杆並將其插入氣門導管中。 （2）使用氣門油封鉗將氣門油封裝入到氣門導管上。 注意：安裝氣門油封時，注意油封唇簧不要脫落。

第三步：安裝氣門組件和凸輪軸組件

安裝順序與拆卸順序剛好相反。在整個安裝過程中，要嚴格按照本發動機技術要求和標準執行。

1. 安裝氣門組件

（1）用氣門專用工具（氣門壓縮拆裝鉗）壓縮氣門彈簧，裝入氣門鎖片。

（2）全部裝入後，用錘子輕輕擊打氣門尾部，使氣門鎖片歸位。

注意：

（1）安裝氣門鎖片要有耐性，不可莽撞。多練習就可掌握到安裝技巧。

（2）氣門安裝位置不可以混裝，應安裝在相應的位置上。

2. 安裝凸輪軸組件

（1）凸輪軸組件安裝順序與拆卸相反，安裝前先準備少許機油潤滑軸瓦。

（2）對於齒輪直接傳動的凸輪軸，安裝時，應將兩正時皮帶輪或鏈輪的正時標記對齊，保證配氣相位、發動機工作順序與工作過程準確配合。齒輪正時標記一般都刻度在齒輪上，如圖4-7所示。

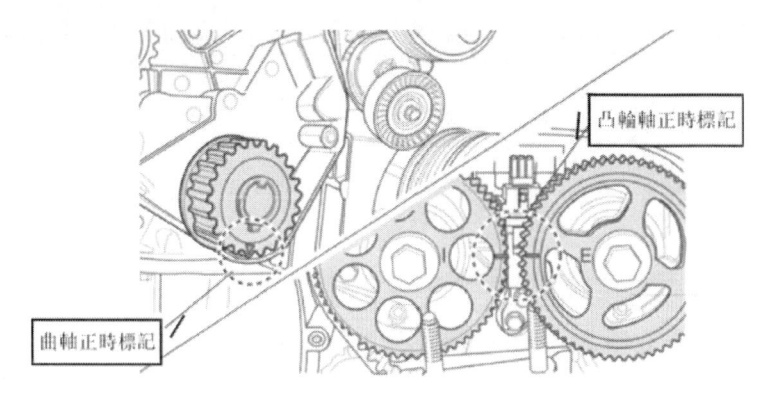

圖 4-7　齒輪正時標記

（3）將軸瓦依次按軸瓦方位擺放到相應位置處，先用手力將螺栓緊固，然後依次從中間瓦蓋向兩邊緊固螺栓（切忌一次緊固到公斤數，每一道瓦蓋為一個單元體）。

（4）將軸瓦上完公斤力數後，用活動扳手轉動凸輪軸一圈，查驗運轉是否正常，有沒有「吃力」感覺。假如不符合技術要求，重新調整軸瓦間隙。

注意：只要拆卸凸輪軸就要更換兩邊油封，對於維修車輛更是嚴格要求。

第四步：裝復檢查

整個安裝工作完成後，要對各個環節進行檢查，避免返工。重點檢查內容如下：

（1）凸輪軸軸瓦安裝位置與方向確認。
（2）兩齒輪之間對接位置確認。
（3）旋轉凸輪軸，查看運轉是否正常，因此，必須認真操作。

第五步：清理、清掃

（1）嚴格按照汽車「4S」店車間管理製度執行，遵守實訓車間「整理、整頓、清理、清掃、安全、素養」的6S管理。
（2）工作任務完成後，首先檢查工具，以防掉入發動機內。
（3）清理、工作現場。
（4）對此次工作任務的質量進行講評。

任務拓展

配氣機構檢測與維修

（一）實訓指導

1. 實訓目標

（1）學會工量具的使用和檢修氣門組。
（2）瞭解氣門組主要零部件失效可能產生的故障現象及排除方法。
（3）學會檢測凸輪軸彎曲度。
（4）學會檢測凸輪軸軸向間隙和徑向間隙。
（5）學會檢測凸輪軸凸輪高度。

2. 安全要求及注意事項

（1）正確使用翻轉架、臺虎鉗、氣門彈簧壓縮器及工量具。
（2）使用卡簧鉗拆裝卡簧時，應注意卡簧可能飛出傷人。

（3）用汽油清洗零部件時，應注意防火。
（4）量具用完後，應立即清洗並放入盒中。

3. 設備/工具/耗材要求

設備：發動機氣缸蓋總成數個、臺虎鉗等。

工具：0~25mm 外徑千分尺、0~150mm 遊標卡尺、氣門鉸刀、氣門研磨機以及常用工具數套。

耗材：氣門研磨砂或研磨膏、毛巾、黃漆、潤滑脂、汽油、機油。

（二）實訓操作指導

第一步：氣門的檢修

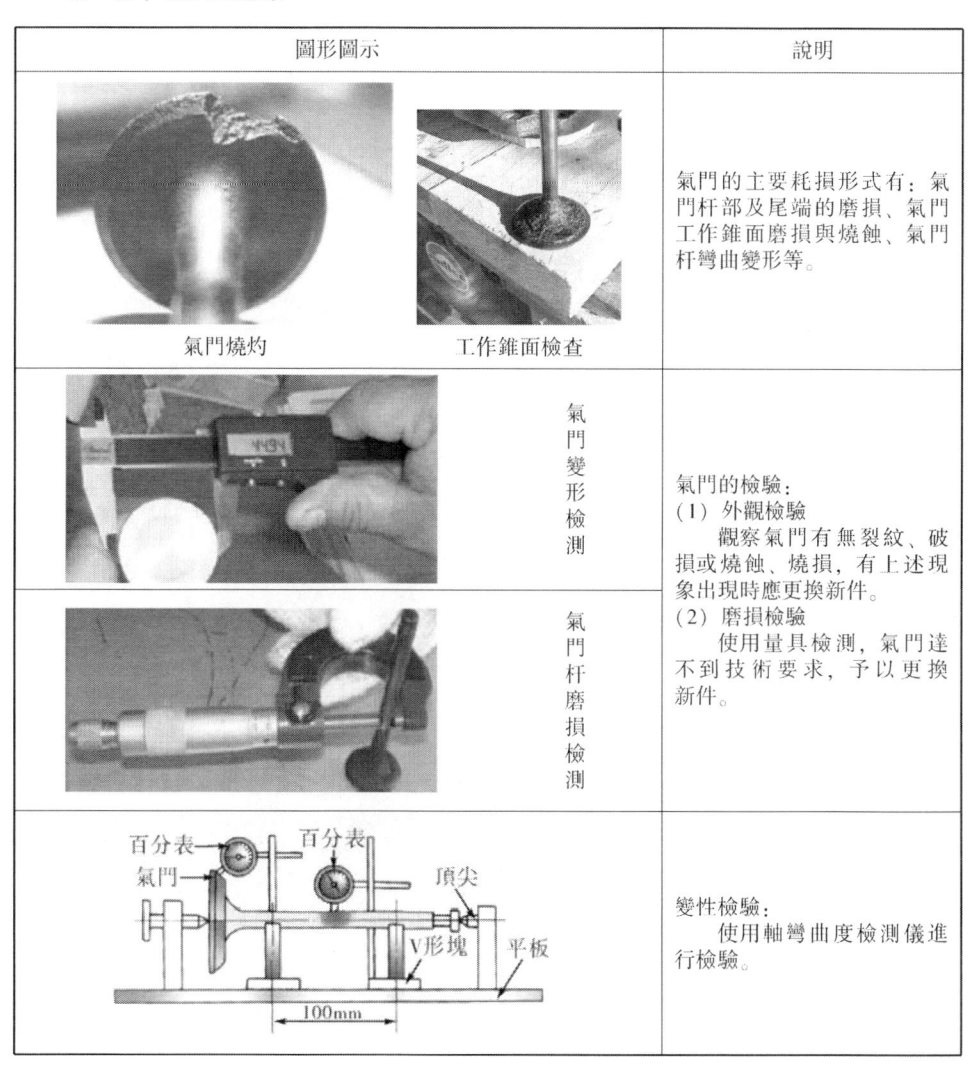

圖形圖示	說明
氣門燒灼　　工作錐面檢查	氣門的主要耗損形式有：氣門杆部及尾端的磨損、氣門工作錐面磨損與燒蝕、氣門杆彎曲變形等。
氣門變形檢測	氣門的檢驗： （1）外觀檢驗 　　觀察氣門有無裂紋、破損或燒蝕、燒損，有上述現象出現時應更換新件。 （2）磨損檢驗 　　使用量具檢測，氣門達不到技術要求，予以更換新件。
氣門杆磨損檢測	
百分表　百分表　頂尖　V形塊　平板　100mm	變性檢驗： 　　使用軸彎曲度檢測儀進行檢驗。

第二步：氣門座的檢修

圖形圖示	說明
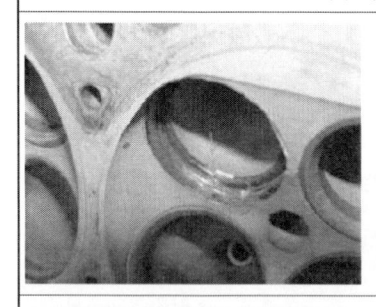 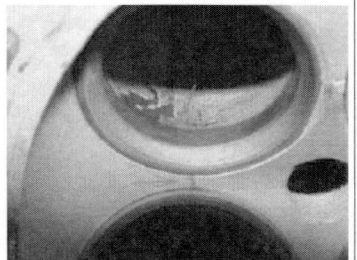	氣門座的耗損： 　　氣門座在工作中由於受到氣門高速、頻繁的衝擊作用而磨損；高溫燃氣的腐蝕和燒蝕使其密封帶變寬或出現凹陷、斑點等，這些導致氣門關閉不嚴，氣缸的密封性降低。
  氣門鉸刀	氣門座的鉸削： 　　要對氣門座進行加工，使其恢復密封錐面的幾何形狀和表面狀態，以保證與氣門能有良好的配合，保證密封效果。氣門座修理的方法一般採用手工鉸削氣門座法。
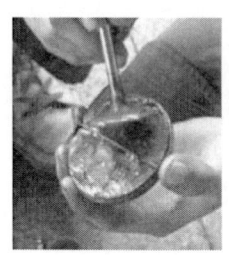  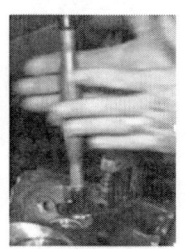 氣門研磨砂　　氣門研磨機　　手工研磨	氣門座的研磨： 　　氣門座研磨是為了保證氣門與氣門座之間得到較好地貼合，保證密封效果。 　　氣門與氣門座的配合要求是： 　（1）氣門與氣門座圈的工作錐面角度應一致。 　（2）氣門與座圈的密封帶寬度應符合原設計規定，一般為 1.2~2.5mm。
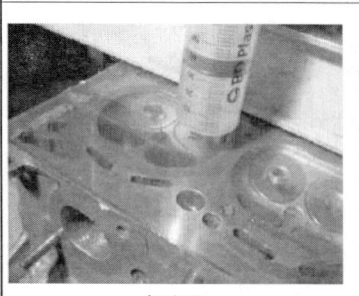 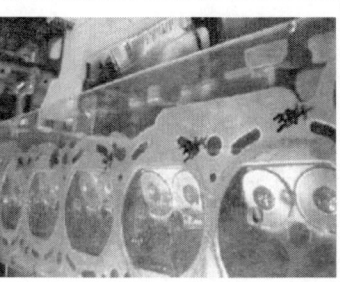 氣泡法　　　　滲漏法	氣門密封性檢驗： 　　氣門密封性檢驗的目的是檢驗氣門經研磨後是否達到密封的要求，常用的方法有滲油法、氣泡法等。 　　氣門與座圈的密封帶位置在中部靠內側。若過於靠外，使氣門的強度降低；過於靠內，會造成與座圈接觸不良。

表(續)

圖形圖示	說明
氣門座圈　　鑲嵌氣門座圈的胎具	氣門座的鑲嵌： 　　在氣門座檢查過程中，如發現氣門座出現了裂紋、鬆動、燒蝕或嚴重磨損，或者經多次鉸削加工修理，氣門裝入後，氣門頂平面低於氣缸蓋燃燒室平面 2mm 以上，應鑲換新的氣門座。

第三步：氣門導管的檢修

在發動機工作過程中，由於氣門杆在氣門導管內滑動，導致氣門導管內孔磨損，與氣門之間的配合間隙變大，使得氣門在工作過程中歪斜，影響氣門的密封性。因此，當氣門導管磨損嚴重或氣門導管破裂時，應更換氣門導管。

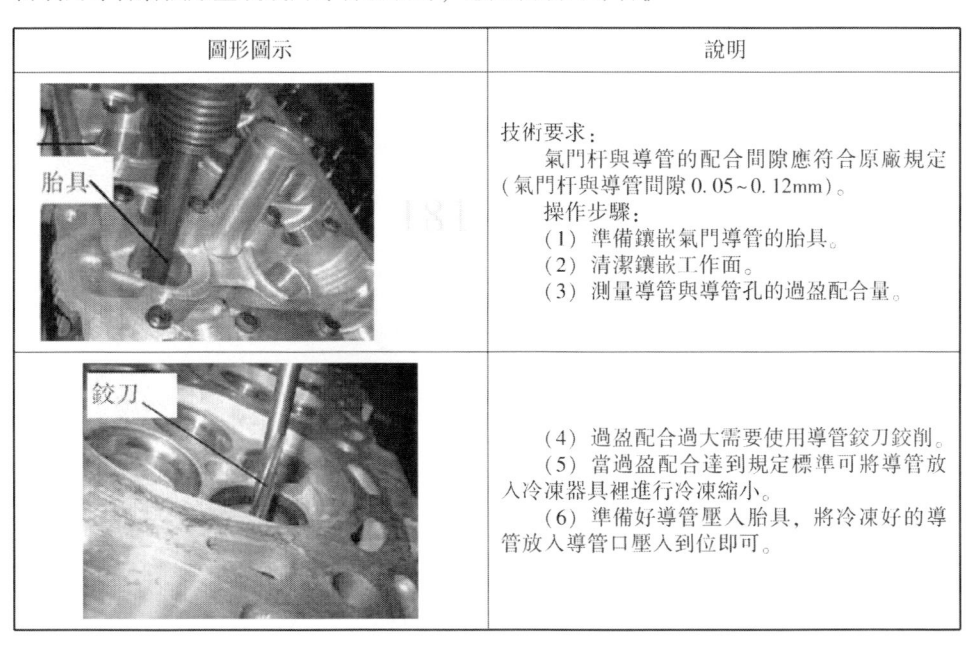

圖形圖示	說明
胎具	技術要求： 　　氣門杆與導管的配合間隙應符合原廠規定（氣門杆與導管間隙 0.05~0.12mm）。 操作步驟： （1）準備鑲嵌氣門導管的胎具。 （2）清潔鑲嵌工作面。 （3）測量導管與導管孔的過盈配合量。
鉸刀	（4）過盈配合過大需要使用導管鉸刀鉸削。 （5）當過盈配合達到規定標準可將導管放入冷凍器具裡進行冷凍縮小。 （6）準備好導管壓入胎具，將冷凍好的導管放入導管口壓入到位即可。

第四步：凸輪軸的檢修

圖形圖示	說明
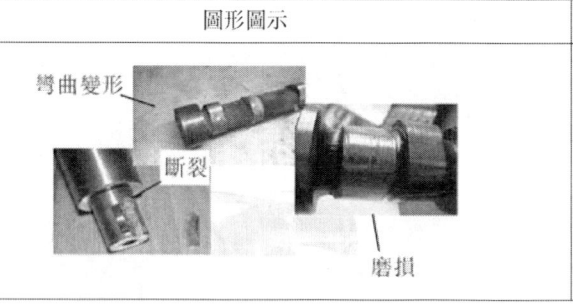 彎曲變形　斷裂　磨損	凸輪軸的主要耗損形式有：凸輪軸的彎曲變形、凸輪輪廓的磨損、凸輪軸支承軸頸的磨損、鍵槽的磨損以及齒輪、偏心輪、信號盤的損傷等。 凸輪軸若出現耗損，一般不再加工維修，主要是更換。

檢修凸輪軸主要檢修以下幾個方面：
　　（1）外觀檢查：檢查凸輪軸有無裂痕，凸輪軸軸頸有無明顯的擦傷，鍵槽有無嚴重磨損或扭曲，凸輪是否磨損出嚴重的溝槽。如有，應進行修理或更換。
　　（2）凸輪軸彎曲變形的檢修：檢查凸輪軸的彎曲變形可將其兩端軸頸外圈或兩端的中心孔作基準，用百分表在中間軸頸上測量徑向圓跳動量。
　　（3）凸輪磨損檢修：用外徑千分尺測量凸輪的高度和基圓的直徑，根據原廠數據，計算出磨損量。
　　（4）凸輪軸軸頸及軸承磨損的檢修：凸輪軸軸頸與軸承的磨損可通過測量其配合間隙來檢查，方法可參照曲軸軸承間隙的檢查方法。

第五步：其他部件的檢修

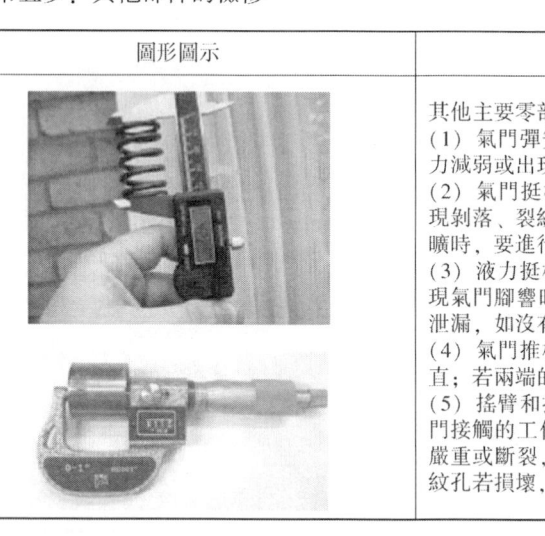

圖形圖示	說明
	其他主要零部件檢測 （1）氣門彈簧：當檢查發現氣門彈簧折斷，彈力減弱或出現歪斜時要對其進行更換。 （2）氣門挺柱：經檢查，發現氣門挺柱底部出現剝落、裂紋、擦傷，挺柱磨損與導孔配合鬆曠時，要進行更換。 （3）液力挺柱：裝有液力挺柱的發動機，當出現氣門腳響時，先檢查潤滑油道是否有堵塞或泄漏，如沒有，多為挺柱失效，要更換挺柱。 （4）氣門推桿：通過檢查發現推桿彎曲，可校直；若兩端的球面磨損嚴重，要進行更換。 （5）搖臂和搖臂軸：檢查時，若發現搖臂與氣門接觸的工作表面磨損，可堆焊修復；如磨損嚴重或斷裂，更換新件。搖臂上的調整螺釘螺紋孔若損壞，應更換。

技術要點：
　　（1）在拆裝氣缸蓋、凸輪軸時，應按維修手冊裡規定的拆裝方法進行。
　　（2）取出的進、排氣門挺柱，應按順序擺放好並做好標記（非工作面處）。
　　（3）在拆卸氣門前，應先在氣門上做好標記（非工作面處）。
　　（4）在使用銼刀、鋼絲刷等硬質工具時，切不可破壞工作面或接觸表面。
　　（5）在安裝氣門後一定要用手錘震擊使其鎖片入座。

【任務考核與評價】

任務名稱＿＿＿＿＿＿＿＿＿＿＿＿

專業：		班級：	姓名：		指導教師：	
任務考核內容	序號	考核內容		配分	評分標準	得分
	1	正確選用工具、儀器、設備		10	工具選用不當扣 1 分/每次	
	2	更換氣門油封方法與要領及準確度		30	錯誤扣 2 分/每處	
	3	氣門組材料、結構等認知		10	錯誤扣 2 分/每個	
	4	凸輪軸拆裝		30	錯誤扣 2 分/每處	
	5	氣門組結構、功用及組成認知		10	錯誤扣 2 分/每點	
	6	安全操作、無違章		10	出現安全、違章操作，此次實訓考核記零分	
	7	分數合計		100		
任務評價內容	評價	評價標準	評價依據（信息、佐證）	權重	得分小計	總分	備註
	職業素質	1. 遵守維修管理規定 2. 按時完成工作任務 3. 操作規範無違章 4. 工作積極、勤奮好學	1. 工作過程記錄信息 2. 工量具的選用和使用考核信息 3. 工作場地清潔與安全信息	0.2			
	專業技能	1. 按照項目技能評定標準 2. 嚴格執行「安全作業」條例 3. 提倡文明作業，杜絕野蠻違章作業	1. 作業完成情況記錄 2. 項目完成情況記錄 3. 安全操作記錄	0.5			
	知識能力	1. 項目知識認知能力標準 2. 拓展知識認知能力	1. 問題處理能力記錄 2. 簡答成功率 3. 作業完成情況	0.3			

指導教師綜合評價：

指導教師簽名： 日期：

任務3　氣門傳動組認識與更換安裝正時皮帶

任務目標
（1）瞭解氣門傳動組的基本結構形式。
（2）掌握氣門傳動組的基本組成和功用。
（3）能規範更換正時皮帶。

【任務引入與解析】

氣門傳動組的功用是控制進、排氣門按配氣相位要求的時刻開閉，並保證有足夠的開度。其主要由凸輪軸、正時齒輪、挺柱、推杆、搖臂及搖臂軸等組成。

汽車發動機長時間的運轉會導致氣門傳動組各運轉部件鬆動和鬆曠，在此之後，氣門傳動組會出現什麼變化，引起哪些現象或故障呢？

由於氣門傳動組的工作環境與性能因素，各配合副、摩擦副的間隙時常增大，正時皮帶因長時間工作或老化而鬆曠，直接影響配氣正時，嚴重時，會因正時皮帶斷裂發生活塞撞擊氣門事故。因此定時更換正時皮帶是發動機維修和保養常見工作之一。

通過本工作任務的實施，我們可以認識氣門傳動組的結構形式，掌握氣門傳動組的組成和功用，學會更換正時皮帶的方法，熟悉氣門傳動組的潤滑過程以及裝配技能。

【任務準備與實施】

知識準備

一、氣門傳動組基本傳動形式的認識

類型	圖形圖示	說明
凸輪軸齒輪傳動形式	（曲軸正時齒輪、正時標記、凸輪軸正時齒輪）	齒輪傳動主要用於下置式和中置式凸輪軸的傳動。 汽油機一般只用一對正時齒輪，即曲軸正時齒輪和凸輪軸正時齒輪；柴油機需要同時驅動噴油泵，所以增加了一個中間齒輪。 為了保證齒輪嚙合平順、噪音低、磨損小，正時齒輪都是圓柱斜齒輪，並用不同的材料製造。一般來說，曲軸正時齒輪用中碳鋼製造，凸輪軸正時齒輪則採用鑄鐵或夾布膠木材料製造。 為了保證正確的配氣正時和噴油正時，一般都在傳動齒輪上刻有正時記號，裝配時必須對正記號。

表(續)

類型	圖形圖示	說明
凸輪軸鏈條傳動形式	鏈條、凸輪軸正時齒輪、液壓張緊器、導鏈板、正時標記、曲軸正時齒輪	鏈條傳動主要用於中置式和上置式凸輪軸的傳動，尤其是上置式凸輪軸的高速汽油機採用鏈條傳動機構的很多。鏈條一般為滾子鏈，工作時應保持一定的張緊度，不使其產生振動和噪音，在鏈條傳動機構中裝有導鏈板，鏈條的鬆邊也裝置有張緊器（多為液壓張緊器）。
齒形帶傳動形式	凸輪軸正時齒輪、曲軸正時齒輪	齒形帶傳動機構用於上置式凸輪軸的傳動。 與齒輪傳動和鏈條傳動機構相比，齒形帶傳動具有噪音小、質量輕、成本低、工作可靠和不需要潤滑等優點。另外，齒形帶伸長度較小，適合有精確正時要求的傳動，因此，其被越來越多的汽車發動機所採用。但是，因技術要求，要定期更換正時皮帶，否則會由於使用時間過長而導致皮帶斷裂，造成機械事故。

二、氣門傳動組主要零部件認識

氣門傳動組是由發動機曲軸驅動旋轉，從而傳遞凸輪軸和氣門之間的運動，使進、排氣門按照配氣相位規定的時間開啓和關閉。

氣門傳動組主要由凸輪軸、挺柱、推杆和搖臂等組成。

圖形圖示	說明
凸輪軸構造	作用：使氣門按一定的工作順序和配氣相位及時開啟，並保證氣門有足夠的升程。 組成：主要由凸輪和軸頸等組成，凸輪分進氣凸輪和排氣凸輪。 工作條件及要求：凸輪軸承受週期性的衝擊載荷，相對滑動速度也很高，因此，凸輪軸軸頸和凸輪工作表面除應有較高的尺寸精度、較小的表面粗糙度和足夠的剛度外，還應有較高的耐磨性和良好的潤滑度。
凸輪輪廓	進、排氣門開啟和關閉的時刻、持續時間以及開閉的速度都由凸輪軸上的進、排氣凸輪所控製。 轉速較低的發動機，其凸輪輪廓是由幾段圓弧組成，這種凸輪稱為圓弧凸輪。 高轉速發動機則採用函數凸輪，其輪廓由某種函數曲線構成。 O點為凸輪軸回轉中心，也是基圓的圓心。
機械挺柱	功用：挺柱是凸輪的從動件，它將凸輪的推力傳給推杆（或氣門杆），並承受凸輪軸旋轉時所施加的側向力。對於氣門側置式配氣機構，其挺柱一般做成菌式，在挺柱的頂部裝有調節螺釘，用來調節氣門間隙。氣門頂置式配氣機構的挺柱一般制成筒式，以減輕重量。 機械挺柱在中小型發動機中應用比較廣泛。
液力挺柱	功能：自行調整和補償氣門間隙。 組成：主要由挺柱體、柱塞彈簧、單向閥、單向閥彈簧、柱塞等組成。 液力挺柱結構復雜，加工精度高，磨損後無法調整，只能更換。

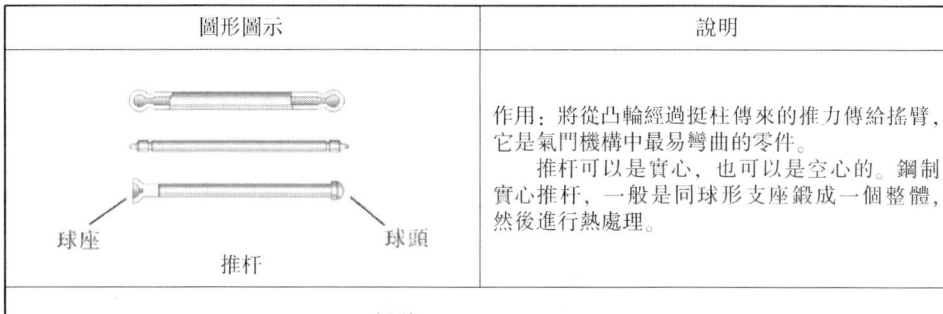

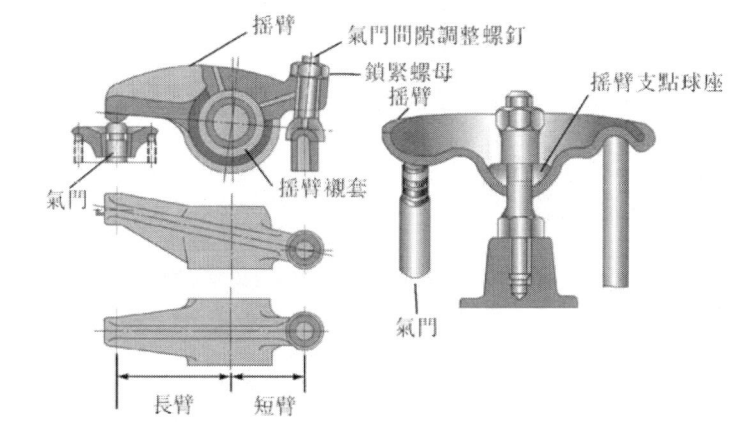

表(續)

圖形圖示	說明
（球座　推杆　球頭）	作用：將從凸輪經過挺柱傳來的推力傳給搖臂，它是氣門機構中最易彎曲的零件。 推杆可以是實心，也可以是空心的。鋼製實心推杆，一般是同球形支座鍛成一個整體，然後進行熱處理。
（搖臂　氣門間隙調整螺釘　鎖緊螺母　搖臂　搖臂支點球座　氣門　搖臂襯套　氣門　長臂　短臂　搖臂）	

搖臂主要用來改變推杆傳來的力的方向，並將此力作用到氣門杆端以推開氣門。搖臂是用45號鋼衝壓而成的。

搖臂以搖臂軸中心線來劃分，可分長臂端和短臂端。兩邊臂長的比值（稱為搖臂比）約為1.2~1.8，其中長臂一端是推動氣門的，端頭的工作表面一般製成圓柱形，當搖臂擺動時可沿氣門杆端面滾滑，這樣可以使兩者之間的力盡可能沿氣門軸線作用，搖臂內還鑽有潤滑油道和油孔。在搖臂的短臂端螺紋孔中旋入用以調節氣門間隙的調節螺釘，螺釘的球頭與推杆頂端的凹球座應相接觸。

搖臂通過襯套，空套在搖臂軸上，而後者又支承在支座上，搖臂上還鑽有油孔。搖臂軸為空心管狀結構，機油從支座的油道經搖臂軸內腔和搖臂中的油道流向搖臂兩端進行潤滑。為了防止搖臂的竄動，在搖臂軸上每兩搖臂之間都裝有定位彈簧。

器材與場所準備

器材（設備、工量具、耗材）	目的	資料準備	教學場所
設備：四行程汽油發動機（凸輪軸齒形帶傳動形式）實物n臺。 工具：常用維修工具n套（配張緊輪專用調整扳手）。 量具：遊標卡尺（0~300mm）。 註：根據班級人數確定設備數量，每組4~6人為宜。	1. 實訓認知使用 2. 實操拆裝使用	1. 項目設計 2. 學習任務單 3. 課程教學資料	1. 多媒體教室 2. 發動機實訓室 註：在理實一體化教室最佳（帶多媒體）

任務實施

更換安裝正時皮帶

第一步：拆卸正時皮帶

圖形圖示	拆卸步驟
	現以豐田 5A 發動機為例，拆解步驟如下： 1. 正時皮帶的拆解 （1）先拆解安裝在配氣機構上的附件。 （2）將發電機皮帶拆解下來。 （3）拆卸正時皮帶外罩。
	（4）查找配氣正時標記點，沒有明顯標記的要自己做標記。 （5）找到正時皮帶張緊器，鬆開皮帶輪張緊器螺絲，取下正時皮帶。 （6）將拆解下來的零部件擺放整齊，以備查驗。

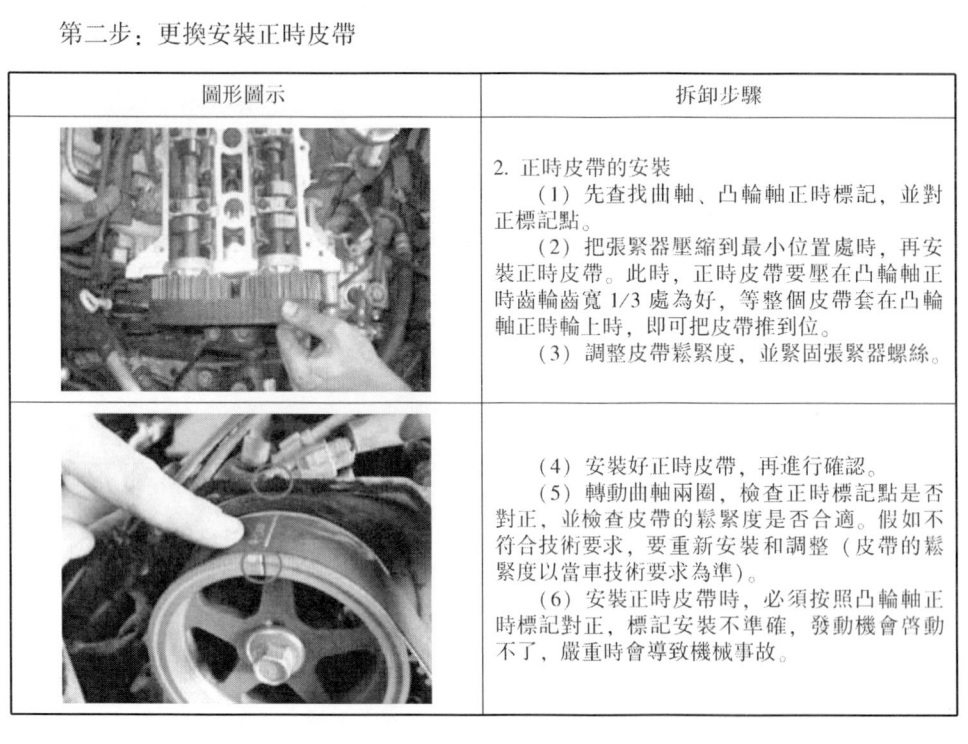

第二步：更換安裝正時皮帶

圖形圖示	拆卸步驟
	2. 正時皮帶的安裝 （1）先查找曲軸、凸輪軸正時標記，並對正標記點。 （2）把張緊器壓縮到最小位置處時，再安裝正時皮帶。此時，正時皮帶要壓在凸輪軸正時齒輪齒寬 1/3 處為好，等整個皮帶套在凸輪軸正時輪上時，即可把皮帶推到位。 （3）調整皮帶鬆緊度，並緊固張緊器螺絲。
	（4）安裝好正時皮帶，再進行確認。 （5）轉動曲軸兩圈，檢查正時標記點是否對正，並檢查皮帶的鬆緊度是否合適。假如不符合技術要求，要重新安裝和調整（皮帶的鬆緊度以當車技術要求為準）。 （6）安裝正時皮帶時，必須按照凸輪軸正時標記對正，標記安裝不準確，發動機會啟動不了，嚴重時會導致機械事故。

第三步：裝復檢查

配氣正時的準確直接關係到是否能夠點燃氣缸裡的可燃混合氣或壓燃可燃混合氣。因此，在拆裝正時皮帶時首先要查看正時標記，假如正時標記模糊不清，那就要自己做標記並記住裝配位置。

整個安裝工作完成後，要對各個環節進行檢查，避免返工。重點檢查內容如下：

（1）檢查正時皮帶鬆緊度是否符合規定。
（2）檢查張緊輪固定螺絲是否牢固。
（3）檢查發電機皮帶鬆緊度是否合適。

第四步：清理、清掃

（1）嚴格按照汽車「4S」店車間管理製度執行，遵守實訓車間「整理、整頓、清理、清掃、安全、素養」的6S管理。
（2）工作任務完成後，首先檢查工具，以防掉入發動機內。
（3）清理工作現場。
（4）對此次工作任務的質量進行講評。

任務拓展

查找各類發動機型號的正時標記位置

圖形圖示	說明
	齒輪與齒輪之間傳動的正時標記位置一般下置式凸輪軸傳動多採用。標記位置方法是：一標記在曲軸正時齒輪上；另一標記在凸輪軸正時齒輪上。
	飛輪與飛輪殼上止點標記位置多在發動機後飛輪處，一標記在飛輪上，另一標記在飛輪殼上。
	皮帶輪與缸體上的上止點標記位置，一標記在發動機殼體上，另一標記在曲軸皮帶輪上。

【任務考核與評價】

任務名稱＿＿＿＿＿＿＿＿＿＿＿＿＿＿

專業：		班級：	姓名：		指導教師：	
任務考核內容	序號	考核內容	配分	評分標準		得分
	1	正確選用工具、儀器、設備	10	工具選用不當扣1分/每次		
	2	更換正時皮帶的方法與要領及準確度	30	錯誤扣2分/每處		
	3	氣門傳動組材料、結構等認知	20	錯誤扣2分/每個		
	4	氣門傳動組的結構、功用及組成認知	30	錯誤扣2分/每處		
	5	安全操作、無違章	10	出現安全、違章操作，此次實訓考核記零分		
	6	分數合計	100			
任務評價內容	評價	評價標準	評價依據（信息、佐證）	權重	得分小計	總分	備註
	職業素質	1. 遵守維修管理規定 2. 按時完成工作任務 3. 操作規範無違章 4. 工作積極、勤奮好學	1. 工作過程記錄信息 2. 工量具的選用和使用考核信息 3. 工作場地清潔與安全信息	0.2			
	專業技能	1. 按照項目技能評定標準 2. 嚴格執行「安全作業」條例 3. 提倡文明作業，杜絕野蠻違章作業	1. 作業完成情況記錄 2. 項目完成情況記錄 3. 安全操作記錄	0.5			
	知識能力	1. 項目知識認知能力 2. 拓展知識認知能力	1. 問題處理能力記錄 2. 簡答成功率 3. 作業完成情況	0.3			
指導教師綜合評價：							
指導教師簽名：					日期：		

項目四
汽油機燃油供給系統

【項目概述】

燃油供給系統是發動機的重要組成部分之一。它的作用是根據發動機運轉工況的需要，向發動機氣缸內供給一定數量，清潔、霧化良好的汽油，以便與一定數量清潔的空氣混合形成可燃混合氣（理論空燃比是 14.7：1）。

其主要由燃油供給裝置、空氣供給裝置、可燃混合氣形成裝置以及可燃混合氣供給和廢氣排出裝置組成。其中燃油供給系統是一個非常複雜的系統，其也是我們實際工作中常見的檢測內容。

本項目將從四個工作任務入手，讓同學們通過工作任務能夠認知汽油發動機供給系統組成、功用及基本結構，掌握供給系統拆檢的能力。通過任務，學生應掌握基本結構以及各個結構類型的區別，為深入學習診斷和排除汽車發動機故障打下良好基礎。

【項目要求】

（1）能敘述燃油供給系統的基本組成及供給線路。
（2）掌握汽油燃油泵總成及濾清器的拆裝的要領及注意事項。
（3）熟悉燃油供給系統各部件名稱、作用和結構特點。
（4）能夠簡述燃油泵檢修內容及常見故障現象與原因。
（5）能對電控汽油發動機燃油供給系統進行檢修。
（6）能使用噴油器清洗機清洗噴油器和萬用表檢測噴油器。
（7）會進行燃油供給系統油壓的檢測。

【項目任務與課時安排】

項目	任務		教學方法	學時分配	學時總計
項目四 汽油機燃油供給系統	任務1	汽油機供給系統的認識與維護維修	微課+實訓	6	24
	任務2	汽油發動機燃油供給系統油壓檢測	理實一體化	6	
	任務3	燃油泵總成和燃油濾清器的更換	理實一體化	6	
	任務4	汽油發動機噴油器的清洗與檢測	理實一體化	6	

任務 1　汽油機供給系統的認識與維護維修

> **任務目標**
> （1）瞭解發動機供給系統的基本結構形式。
> （2）掌握汽油發動機燃油供給系統的基本組成和功用。
> （3）熟悉汽油發動機供給系統各部件的名稱和結構特點。

【任務引入與解析】

汽油發動機燃油供給系統的主要功用是根據發動機運轉工況的需要，向發動機氣缸內供給一定數量清潔、霧化良好的汽油，以便與一定數量清潔的空氣混合形成可燃混合氣（理論空燃比是 14.7：1）。這裡所說的供給主要是燃油和空氣供給以及它們之間的配比供給，不是單一的燃油供給。

本任務就是通過對燃油供給裝置、空氣供給裝置、可燃混合氣形成裝置以及可燃混合氣供給和廢氣排出裝置等裝置的認識，最終達到對可燃混合氣燃燒作功並排除廢氣的整個過程認識的目的。其中燃油供給裝置和空氣供給裝置是一個非常復雜的系統，我們通過維護保養內容任務的實施，力求使學生初步瞭解「進氣—進油—混合—燃燒—排氣」這個工作過程，認知各個裝置之間的密切配合度，掌握一定的技術要求，為後續課程的學習打下良好的基礎。

發動機是將熱能轉化為機械能的機器，換句話說，也就是將燃料燃燒的熱能轉化為機械能，並對外輸出動力。那麼，這期間，燃料、空氣是如何供給的，又是如何配比的呢？

【任務準備與實施】

知識準備

一、汽油機供給系統的認識

汽油機供給系統的主要功用就是不斷地向發動機氣缸內輸送濾清的燃油和清潔的新鮮空氣。

由於遠不能滿足進一步降低污染度和提高動力性能、經濟性能的迫切要求，傳統的供給系統現已被新型的電控供給系統所替代。這裡所說的供給主要指燃油和空氣的供給。汽油機供給系統主要由發動機控製單元（ECU）依據進氣量的多少、轉速以及其他參數，控製噴油器，將定量的燃油噴入進氣歧管或氣缸內（缸內直噴），與經過濾清器濾清後的新鮮空氣混合，並在燃燒做功後，將燃燒產生的廢氣排至大氣中。

汽油機供給系統主要由燃油供給裝置、空氣供給裝置、控製系統（ECU）和廢氣排出裝置四部分組成，圖 4-1-1 所展示的就是整個供給系統分布。

項目四 汽油機燃油供給系統

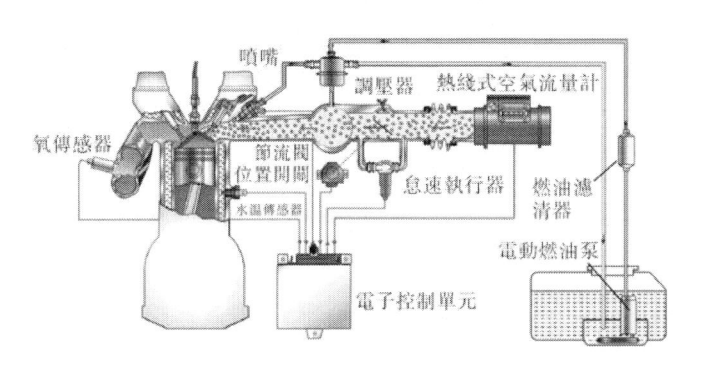

圖 4-1-1 供給系統整體佈局

（1）燃油供給裝置：其包括汽油箱、電動汽油泵、進油管、汽油濾清器、汽油壓力調節器和噴油器等，用以完成汽油的輸送、清潔，並以恆定的壓差噴射。

（2）空氣供給裝置：其包括空氣濾清器、空氣流量計、節氣門位置傳感器和節氣門體等，用以清潔和計量吸入發動機氣缸內的新鮮空氣。

（3）控製系統：依據各傳感器輸入的信息，經計算、比對後確定燃油的最佳噴射量。

（4）廢氣排出裝置：包括排氣歧管、排氣管、排氣消音器等，用於廢氣的排出。

二、燃油供給裝置常規佈局（如圖 4-1-2 所示）

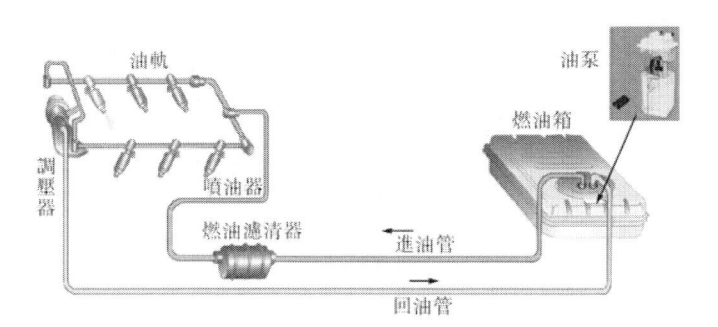

圖 4-1-2 燃油供給裝置佈局圖

三、發動機微機控製系統常見佈局（如圖 4-1-3 所示）

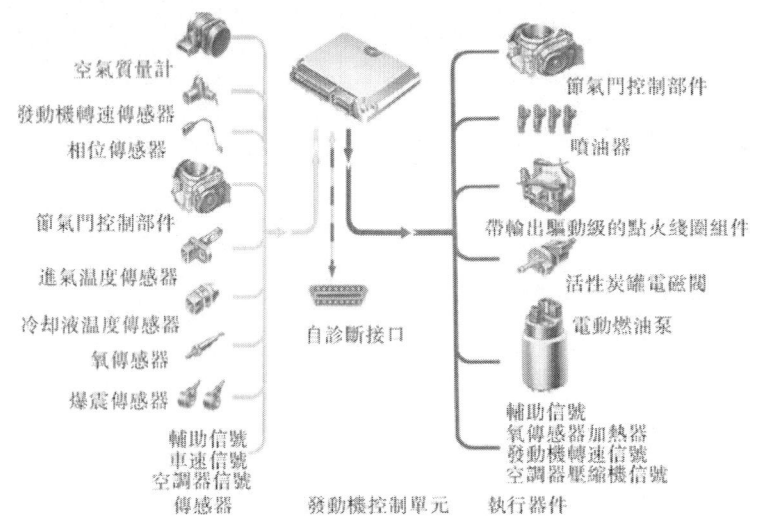

圖 4-1-3　發動機微機控製系統

四、廢氣排出裝置常見佈局（如圖 4-1-4 所示）

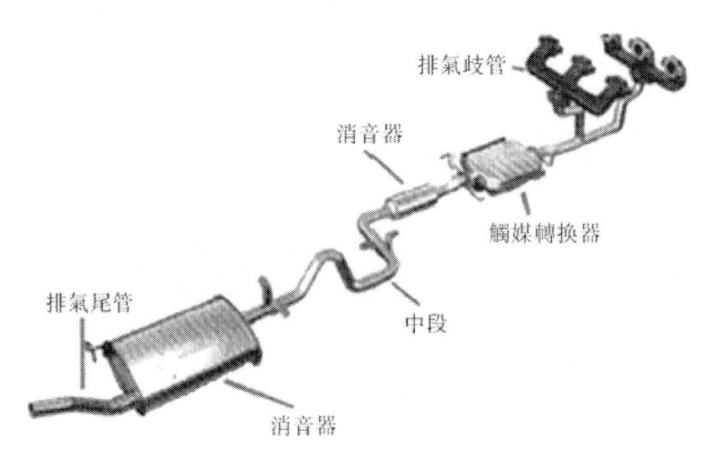

圖 4-1-4　廢氣排出裝置佈局

五、供給系統主要零部件認知

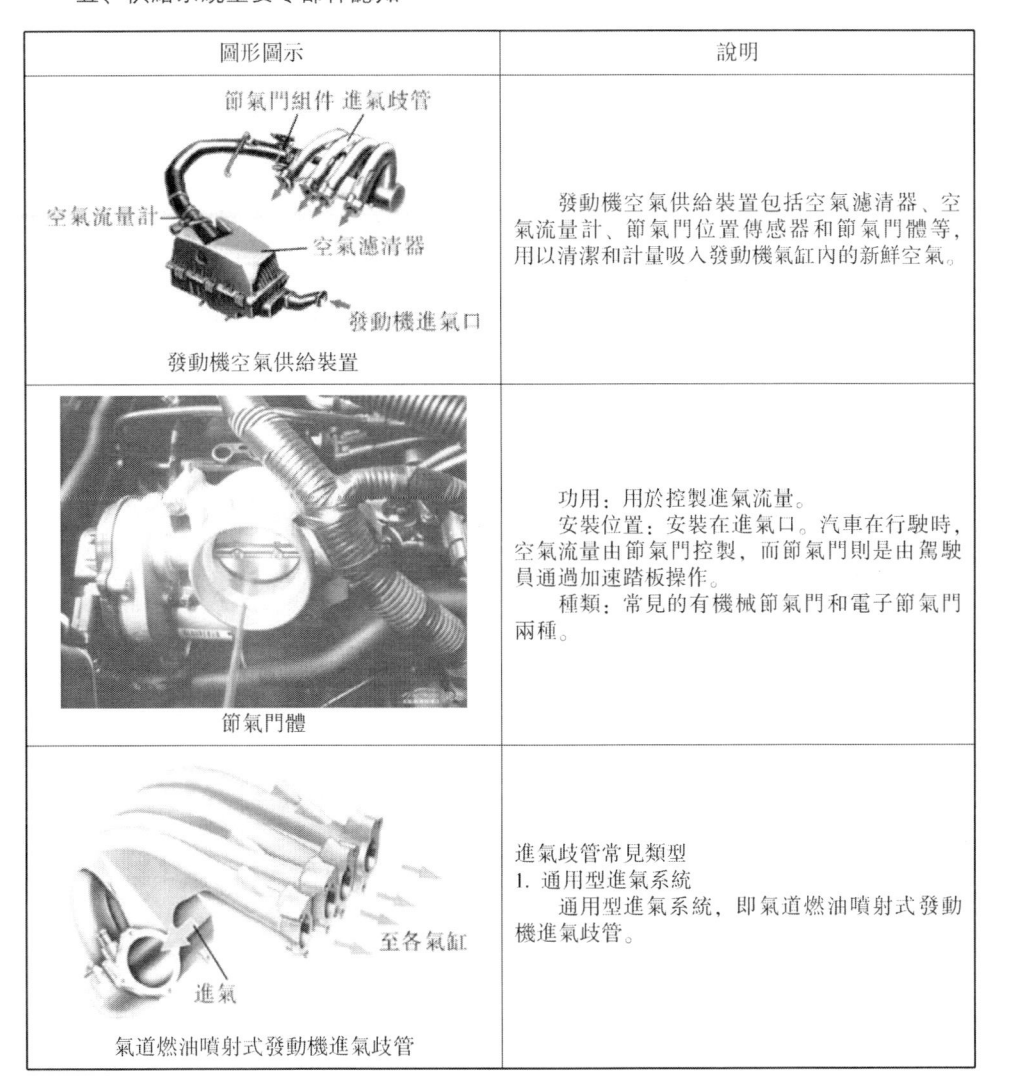

圖形圖示	說明
發動機空氣供給裝置	發動機空氣供給裝置包括空氣濾清器、空氣流量計、節氣門位置傳感器和節氣門體等，用以清潔和計量吸入發動機氣缸內的新鮮空氣。
節氣門體	功用：用於控製進氣流量。 安裝位置：安裝在進氣口。汽車在行駛時，空氣流量由節氣門控製，而節氣門則是由駕駛員通過加速踏板操作。 種類：常見的有機械節氣門和電子節氣門兩種。
氣道燃油噴射式發動機進氣歧管	進氣歧管常見類型 1. 通用型進氣系統 　　通用型進氣系統，即氣道燃油噴射式發動機進氣歧管。

表(續)

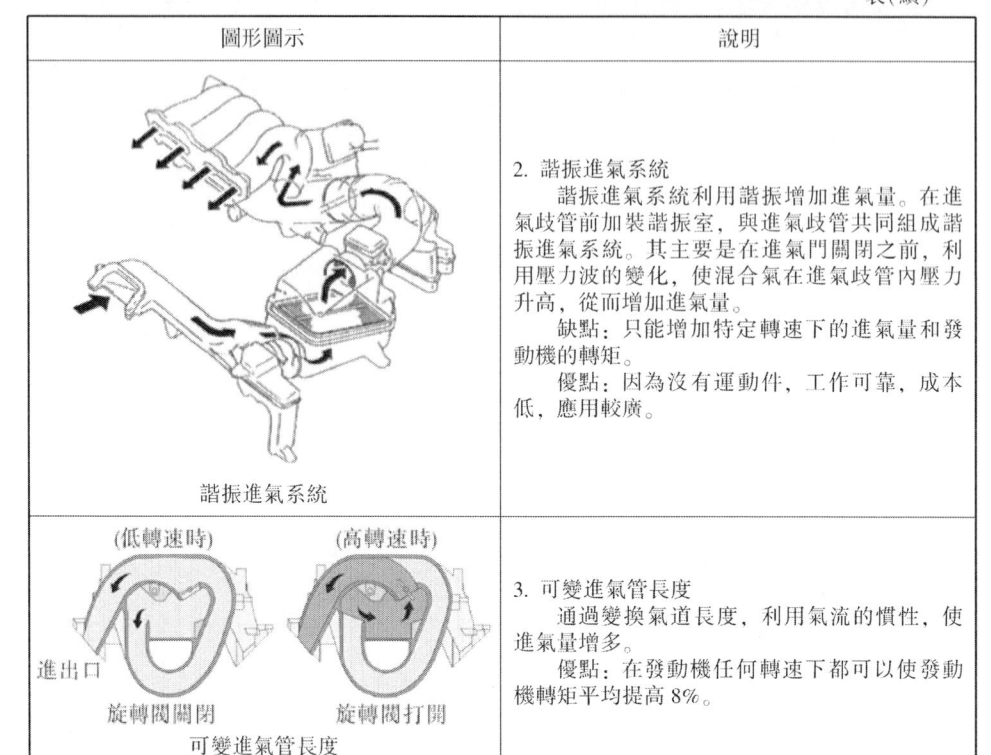

圖形圖示	說明
諧振進氣系統	2. 諧振進氣系統 　　諧振進氣系統利用諧振增加進氣量。在進氣歧管前加裝諧振室，與進氣歧管共同組成諧振進氣系統。其主要是在進氣門關閉之前，利用壓力波的變化，使混合氣在進氣歧管內壓力升高，從而增加進氣量。 　　缺點：只能增加特定轉速下的進氣量和發動機的轉矩。 　　優點：因為沒有運動件，工作可靠，成本低，應用較廣。
(低轉速時) (高轉速時) 進出口 旋轉閥關閉　旋轉閥打開 可變進氣管長度	3. 可變進氣管長度 　　通過變換氣道長度，利用氣流的慣性，使進氣量增多。 　　優點：在發動機任何轉速下都可以使發動機轉矩平均提高8%。

六、廢氣排出裝置主要零部件認知

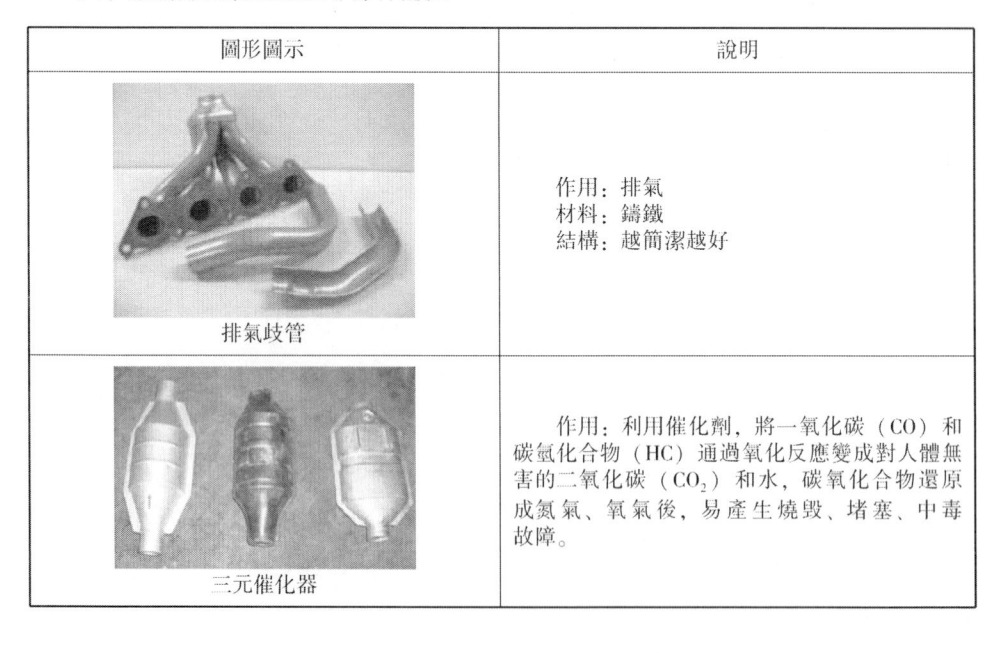

圖形圖示	說明
排氣歧管	作用：排氣 材料：鑄鐵 結構：越簡潔越好
三元催化器	作用：利用催化劑，將一氧化碳（CO）和碳氫化合物（HC）通過氧化反應變成對人體無害的二氧化碳（CO_2）和水，碳氧化合物還原成氮氣、氧氣後，易產生燒毀、堵塞、中毒故障。

項目四　汽油機燃油供給系統

表(續)

圖形圖示	說明
消音器	作用：消除廢氣中的火星及火焰，降低排氣噪聲。 消音器最容易銹蝕、漏氣，經常採用打排水孔的方法延緩銹蝕。

器材與場所準備

器材（設備、工量具、耗材）	資料準備	教學場所
設備：投影儀、發動機實物 n 個（實物與圖片比較）。 註：根據班級人數確定設備數量，每組 4~6 人適宜。	1. 根據知識準備內容使用微課或 PPT 課件講解發動機供給系統 2. 學習任務單（實物與圖片對比） 3. 課程教學資料	1. 多媒體教室 2. 發動機實訓室 註：在理實一體化教室最佳（帶多媒體）

任務實施

汽油機供給系統維護與故障

第一步：供給系的維護與常見故障

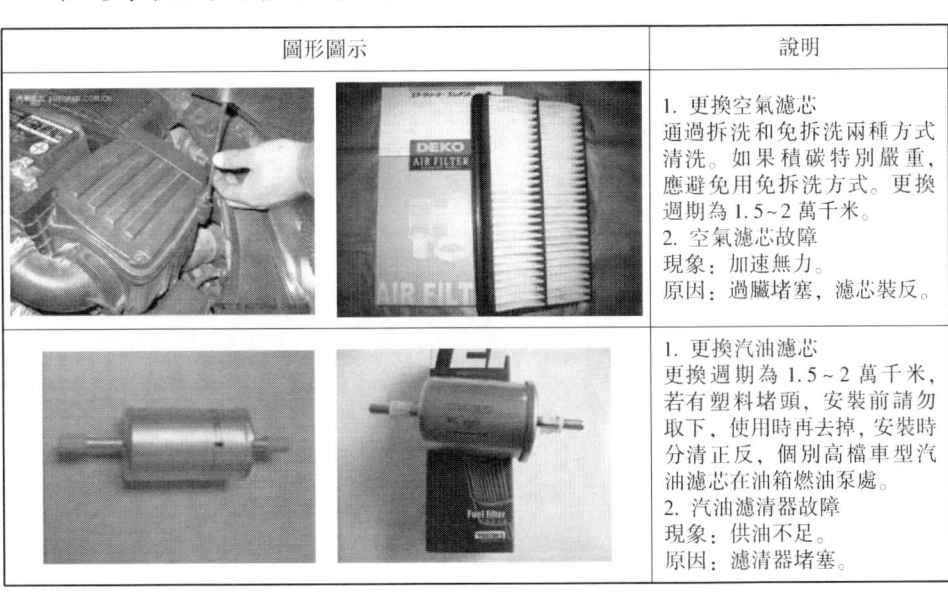

圖形圖示	說明
	1. 更換空氣濾芯 通過拆洗和免拆洗兩種方式清洗。如果積碳特別嚴重，應避免用免拆洗方式。更換週期為 1.5~2 萬千米。 2. 空氣濾芯故障 現象：加速無力。 原因：過臟堵塞，濾芯裝反。
	1. 更換汽油濾芯 更換週期為 1.5~2 萬千米，若有塑料堵頭，安裝前請勿取下，使用時再去掉，安裝時分清正反，個別高檔車型汽油濾芯在油箱燃油泵處。 2. 汽油濾清器故障 現象：供油不足。 原因：濾清器堵塞。

表(續)

圖形圖示	說明
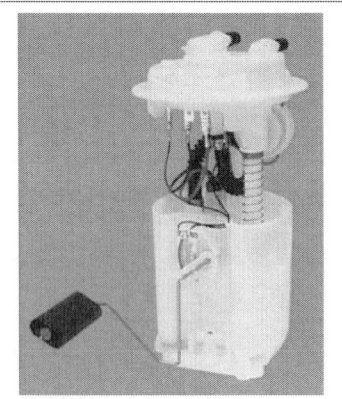	燃油泵總成故障 現象一：冷啓動困難，加速無力。 原因：①線圈供油壓力不足；②油泵濾網堵塞；③油泵限壓閥卸壓。 現象二：油表不準。 原因：①油浮子進水；②液位指示電阻失效；③燃油濾芯故障。 現象三：啓動困難，加速無力。 原因：①過臟堵塞；②濾芯裝反。
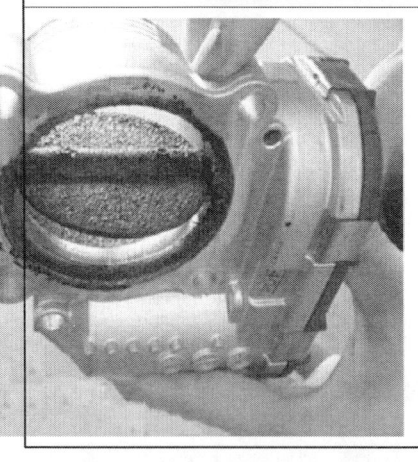 節氣門積碳嚴重，導致發動機動力下降，嚴重的影響到了燃油效率和尾氣排放	1. 積碳清理 節氣門積炭拆洗和就車清洗，請注意電腦復位歸零，可通過拆洗和免拆洗兩種方式清洗。如果積碳特別嚴重，應避免應用免拆洗方式。 2. 節氣門積碳過多故障 現象：加速無力；冷啓動困難；油門粘腳；涼車第一腳油門踩不動；怠速不穩。 原因：過臟、粘滯。

第二步：清理、清掃

(1) 嚴格按照汽車「4S」店車間管理製度執行，遵守實訓車間「整理、整頓、清理、清掃、安全、素養」的 6S 管理。

(2) 工作任務完成後，首先檢查工具，以防掉入發動機內。

(3) 清理工作現場。

(4) 對此次工作任務的質量進行講評。

任務拓展

1. 混合氣濃度對發動機工作有很大影響，混合氣過濃、過稀都會引起發動機故障，可根據故障現象分析其原因並加以排除。發動機不同工況如起動、暖車、怠速、加速和大、中、小負荷對混合氣濃度的要求是不同的。

2. 可燃混合氣燃燒的三個階段為著火延遲期、急燃期和補燃期。爆震是一種非正常的燃燒，可根據非正常燃燒的現象作出判斷，並能預防和排除。

3. 燃油供給系統的主要裝置有汽油泵、噴油器和燃油壓力調節器，它們出現故障後將影響系統的壓力，進而影響發動機的工作，可以通過檢測壓力判斷故障，並進行檢修和排除。

4. 進氣系統的功用是盡可能多地和盡可能均勻地向各氣缸供給可燃混合氣，為此，可採用諧振器、可變進氣系統或增壓器使進氣量更多、更均勻，使發動機產生的轉矩更高。

【任務考核與評價】

任務名稱＿＿＿＿＿＿＿＿＿＿＿＿

專業：　　　　班級：　　　　姓名：　　　　指導教師：

	序號	考核內容	配分	評分標準	得分
任務考核內容	1	正確選用工具、儀器、設備	10	工具選用不當扣 1 分/每次	
	2	更換空氣濾清器的方法與要領及準確度	30	錯誤扣 2 分/每處	
	3	發動機供給系統的功能和組成認知	20	錯誤扣 2 分/每個	
	4	供給系統零部件名稱認知	20	錯誤扣 2 分/每處	
	5	說出零部件結構形式 n 種	10	錯誤扣 2 分/每點	
	6	安全操作、無違章	10	出現安全、違章操作，此次實訓考核記零分	
	7	分數合計	100		

	評價	評價標準	評價依據（信息、佐證）	權重	得分小計	總分	備註
任務評價內容	職業素質	1. 遵守維修管理規定 2. 按時完成工作任務 3. 操作規範無違章 4. 工作積極、勤奮好學	1. 工作過程記錄信息 2. 工量具的選用和使用考核信息 3. 工作場地清潔與安全信息	0.2			
	專業技能	1. 按照項目技能評定標準 2. 嚴格執行「安全作業」條例 3. 提倡文明作業，杜絕野蠻違章作業	1. 作業完成情況記錄 2. 項目完成情況記錄 3. 安全操作記錄	0.5			
	知識能力	1. 項目知識認知能力 2. 拓展知識認知能力	1. 問題處理能力記錄 2. 簡答成功率 3. 作業完成情況	0.3			

指導教師綜合評價：

指導教師簽名：　　　　　　　　　　　　　　　　　　日期：

任務 2　汽油發動機燃油供給系統油壓檢測

任務目標
（1）瞭解電控燃油供給系統基本組成部件的功用。
（2）能對燃油供給系統進行油壓檢測。
（3）熟悉燃油供給系統主要部件失效可能產生的故障並對故障進行排除。

【任務引入與解析】

　　對燃油噴射發動機來說，燃油系統工作油壓的大小直接關係到進入發動機氣缸內可燃混合氣的濃度。因為，單位時間內的噴油量與系統燃油壓力成正比。也就是說，壓力越高，單位時間內的噴油量也就越多，反之，壓力越低，單位時間內的噴油量也就越少。因此，檢測燃油系統油壓，也就成了我們汽車維護維修常見工作之一，燃油系統油壓更是我們判斷發動機燃油系統故障的一個重要指標。

　　通過本工作任務的實施，能使學生學會檢測燃油壓力的基本方法，掌握發動機在各個工況下燃油壓力的變化情況，懂得燃油供給系統主要零部件的性能檢測以及功用。

　　油壓檢測是維修技術人員必須具備的基本功。維修技術人員首先要知道檢測哪些技術指標，油壓表要安裝在什麼位置以及如何安裝。

【任務準備與實施】

知識準備

一、燃油供給系統主要零部件的功用與結構

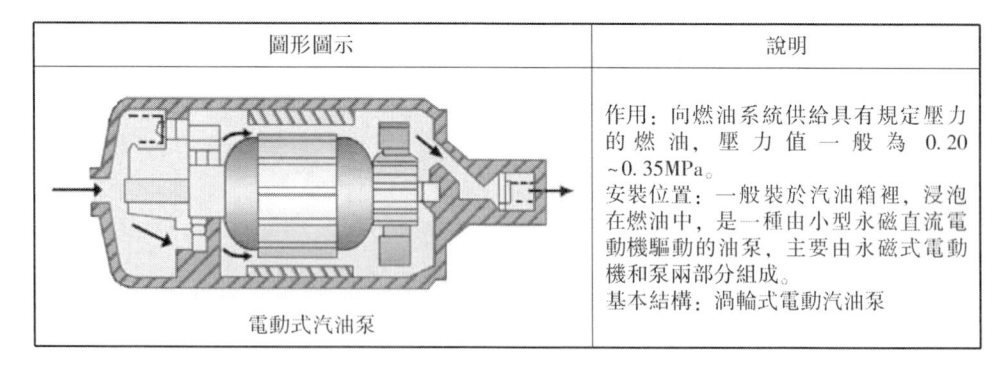

圖形圖示	說明
電動式汽油泵	作用：向燃油系統供給具有規定壓力的燃油，壓力值一般為 0.20~0.35MPa。 安裝位置：一般裝於汽油箱裡，浸泡在燃油中，是一種由小型永磁直流電動機驅動的油泵，主要由永磁式電動機和泵兩部分組成。 基本結構：渦輪式電動汽油泵

表(續)

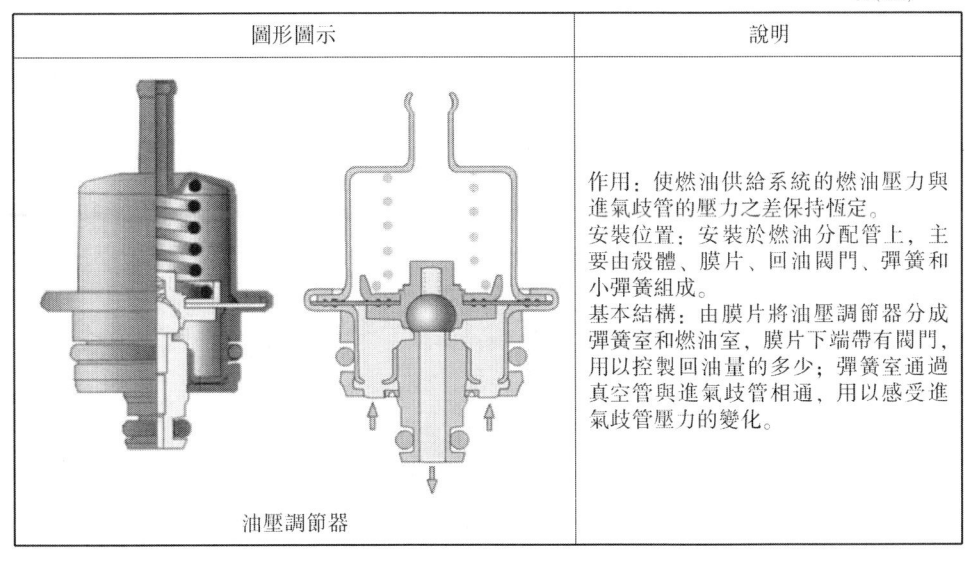

圖形圖示	說明
油壓調節器	作用：使燃油供給系統的燃油壓力與進氣歧管的壓力之差保持恆定。 安裝位置：安裝於燃油分配管上，主要由殼體、膜片、回油閥門、彈簧和小彈簧組成。 基本結構：由膜片將油壓調節器分成彈簧室和燃油室，膜片下端帶有閥門，用以控製回油量的多少；彈簧室通過真空管與進氣歧管相通，用以感受進氣歧管壓力的變化。

二、燃油系統油壓主要檢測項目

燃油供給系統的燃油壓力不受ECU的控製，然而燃油壓力就像人體的血壓一樣，如果出現了偏差就會導致燃油系統故障。因此，在燃油供給系統出現故障時應先檢測燃油壓力，以便分析故障所在。另外，車輛二級維護時也應檢測燃油壓力，並根據檢測結果確定車輛二級維護附加作業項目。

檢測項目指標主要有靜態油壓檢測、怠速工作壓力檢測、急加速壓力檢測、油泵最大供油壓力檢測和燃油供給系統保持壓力檢測等。

器材與場所準備

器材（設備、工量具、耗材）	資料準備	教學場所
設備：帕薩特1.8T乘用車、舉升機、燃油壓力表一套，需備有幹式化學滅火器。 工量具：燃油測試壓力表及常用工具。 耗材：棉紗或毛巾。 註：根據班級人數確定設備數量，每組4~6人適宜。	1. 根據知識準備內容使用微課或PPT課件講解供給系統油泵和燃油壓力調節器工作原理 2. 學習任務單（實物與圖片對比） 3. 課程教學資料	1. 多媒體教室 2. 發動機實訓室 註：在理實一體化教室最佳（帶多媒體）

任務實施

汽油機燃油壓力檢測

第一步：安全要求及注意事項

（1）正確使用舉升機及工量具。

（2）在安裝汽油壓力表的過程中，注意防火措施。

（3）在工作場地禁止明火和吸菸，確保通風性能良好。

(4) 燃油供給系統壓力較高，要防止飛濺出來傷人眼睛，拆卸前必須對系統進行泄壓。

(5) 拆卸油管時，應注意用棉紗擦淨油滴，防止檢修電器時打火而發生危險。

(6) 嚴禁在拆卸油管的時候啟動發動機。

(7) 在組裝燃油回路零部件時，所使用的各種墊片應更換新件。

(8) 維修後，應檢查燃油系統是否有漏油現象。

第二步：燃油系統的壓力釋放

(1) 啟動發動機，維持怠速運轉。

(2) 在發動機運轉時，拔下油泵繼電器或電動燃油泵電線接線，使發動機熄火。

(3) 再使發動機啟動 2~3 次就可完全釋放燃油系統壓力。

(4) 關閉點火開關，裝上油泵繼電器或電動燃油泵電源接線。

第三步：安裝燃油壓力表

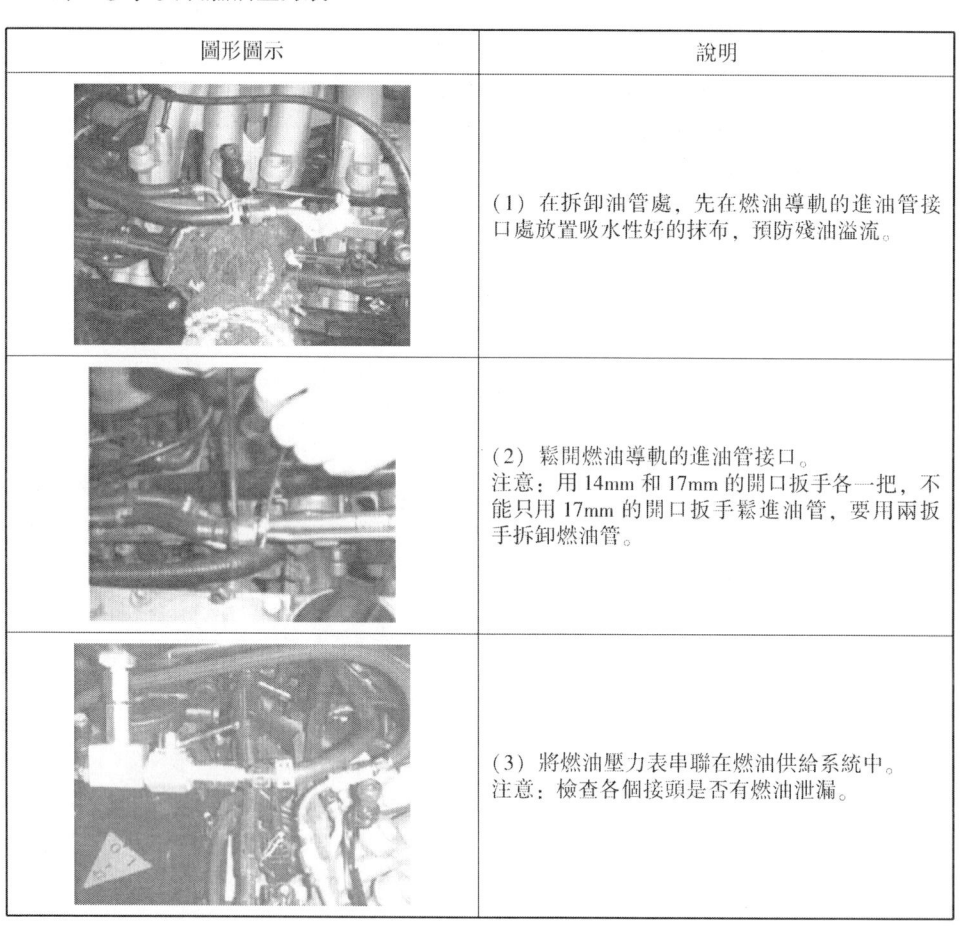

圖形圖示	說明
	(1) 在拆卸油管處，先在燃油導軌的進油管接口處放置吸水性好的抹布，預防殘油溢流。
	(2) 鬆開燃油導軌的進油管接口。 注意：用 14mm 和 17mm 的開口扳手各一把，不能只用 17mm 的開口扳手鬆進油管，要用兩扳手拆卸燃油管。
	(3) 將燃油壓力表串聯在燃油供給系統中。 注意：檢查各個接頭是否有燃油泄漏。

表(續)

圖形圖示	說明
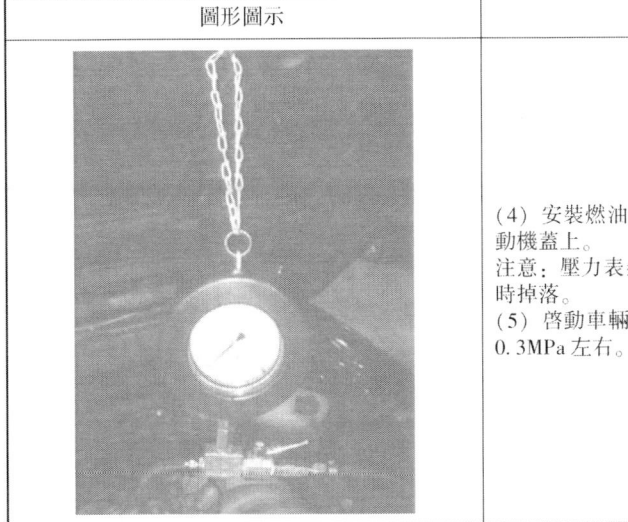	（4）安裝燃油壓力表，並將燃油壓力表掛在發動機蓋上。 注意：壓力表懸掛要良好牢固，避免發動車輛時掉落。 （5）啓動車輛觀察油壓表指示，燃油壓力應在0.3MPa左右。

第四步：檢測內容與方法

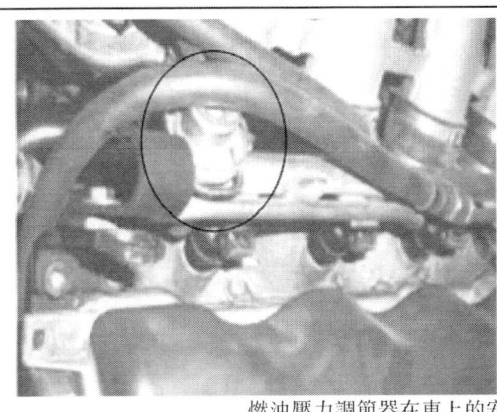

燃油壓力調節器在車上的安裝位置

表(續)

1. 檢測靜態油壓 　　打開點火開關使電動燃油泵運轉（發動機不能轉），此時應能聽到燃油泵工作的聲音，觀看油壓表，燃油壓力應為 0.30±20MPa。 　　如測得油壓偏高，則可能是由於回油管變形或燃油壓力調節器損壞導致燃油回流，致使靜態油壓升高；若回油管完好則更換燃油壓力調節器。 　　如測得油壓偏低，則可能是油泵、汽油濾清器以及壓力調節器出現問題，可逐一檢查，找出故障原因。 2. 檢測燃油壓力調節器工作狀況 　　燃油壓力調節器通常與燃油分配管組裝在一起的。拆下燃油壓力調節器上真空軟管，用手堵住進氣管一側，檢查油壓表指示的壓力，正常應為 0.25~0.35MPa。若過低，可夾住回油軟管以切斷回油管路，再檢查油壓表指示壓力，若壓力恢復，說明燃油壓力調節器有故障，需更換。更換後仍過低，應檢查是否有堵塞或洩露，如沒有，應更換燃油泵；若油壓過高，應檢查回油管是否堵塞，若正常，說明燃油壓力調節器有故障。 3. 檢測燃油系統工作油壓（等發動機達到工作溫度時，在不同工況下檢測燃油壓力。） 　　（1）急速時燃油油壓一般為 0.25~0.30MPa。拔去燃油壓力調節器上的真空管，油壓要上升 0.05MPa 左右。 　　急速工作油壓偏高，多是由於油壓調節器真空管錯裝、漏裝或漏氣所造成的。檢視真空管安裝是否正確、是否漏氣，必要時予以更換。 　　（2）中速時燃油油壓一般變化不大。 　　（3）高速時燃油油壓比急速時稍有提高 0.03MPa 左右。 　　若急加速燃油壓力無變化，則可能是真空管插錯或漏氣造成，應予以更正或更換。 　　若急加速壓力與急速工況相差甚少，則說明在節氣門全開時進氣系統仍然存在真空節流（如節氣門無法開至最大角度），應予以維修。 4. 檢測油泵最大供油壓力 　　折住回油管路，燃油壓力驟然上升為工作壓力的 2~3 倍，一般其值應符合本車發動機技術要求。否則油泵本身有問題，應視情況處理。 　　（1）檢測燃油保壓狀況。發動機熄火後，10 分鐘後系統油壓變化，一般系統油壓應不低於 0.20MPa。 　　壓力一直過低是由於電動燃油泵止回閥關閉不嚴、油壓調節器回油口關閉不嚴或噴油器滴漏造成的。應予以分步檢測：折住回油管路，油壓繼續保持壓力過低，是油泵問題；否則是壓力調節器故障。 　　（2）檢測完畢後，應再次釋放燃油系統油壓，拆下油壓檢測表，裝復燃油供給系統。

第五步：清理、清掃

（1）嚴格按照汽車「4S」店車間管理製度執行，遵守實訓車間「整理、整頓、清理、清掃、安全、素養」的 6S 管理。

（2）工作任務完成後，首先檢查工具，以防掉入發動機內。

（3）清理工作現場。

（4）對此次工作任務的質量進行講評。

任務拓展

1. 渦輪式電動汽油泵工作原理

當電動機轉動時，帶動渦輪旋轉，小槽內的汽油也隨渦輪一同高速旋轉。由於渦輪的帶動和離心力的作用，出油口油壓增高，而在進油口處產生真空，從而使汽油從進油口處吸入，從出油口處排出。

限壓閥的作用是當油壓超過 0.45MPa 時克服彈簧力開啟，使汽油流回油箱，以防油壓過高損壞汽油泵或油管。在出油口處還裝有單向止回閥，其作用在於，當發動機停轉後，止回閥即關閉，防止管路中的汽油倒流回汽油泵，借以保持管路中有一定的殘壓，便於發動機再次啟動用油。

2. 燃油壓力調節器工作原理

當進氣歧管壓力減小時（發動機負荷減小），油壓克服彈簧力使膜片上移，回油閥門開啟，汽油流回油箱，供油系統內壓力下降。反之，當進氣歧管的壓力增加時（發動機負荷增大），彈簧彈力使膜片下移，回油閥門變小或關閉，回油量變小或終止，供油系統內壓力上升。如此反覆，使兩者的壓力差始終保持恆定，從而達到 ECU 對噴油量的精確控製。

3. 油壓檢測

把檢測結果填寫到表 4-2-1 中。

表 4-2-1　　　　　　　　　　油壓檢測

測試條件	接通點火開關	怠速	1,500r/min	怠速時拔開油壓調節器上的真空管
系統油壓/KPa				
分析判斷	正常/不正常	正常/不正常	正常/不正常	正常/不正常

4. 檢查殘餘油壓

關閉發動機，檢查燃油供給系統的殘餘油壓，其壓力應不小於 200KPa。檢查結果記錄到表 4-2-2 中。

表 4-2-2　　　　　　　　　　殘餘油壓檢測

熄火後時間	熄火後瞬間	2min 後	5min 後
燃油壓力/KPa			
判斷是否正常	正常/不正常	正常/不正常	正常/不正常

【任務考核與評價】

任務名稱＿＿＿＿＿＿＿＿＿＿＿＿

專業：	班級：	姓名：	指導教師：		
	序號	考核內容	配分	評分標準	得分
任務考核內容	1	正確選用工具、儀器、設備	10	工具選用不當扣 1 分/每次	
	2	檢測油壓的方法與要領及準確度	30	錯誤扣 2 分/每處	
	3	發動機供油系統的功能和組成認知	20	錯誤扣 2 分/每個	
	4	供油系統主要零部件名稱認知	20	錯誤扣 2 分/每處	
	5	說出主要零部件結構形式 n 種	10	錯誤扣 2 分/每點	
	6	安全操作、無違章	10	出現安全、違章操作，此次實訓考核記零分	
	7	分數合計	100		

表(續)

評價內容	評價	評價標準	評價依據（信息、佐證）	權重	得分小計	總分	備註
任務評價內容	職業素質	1. 遵守維修管理規定 2. 按時完成工作任務 3. 操作規範無違章 4. 工作積極、勤奮好學	1. 工作過程記錄信息 2. 工量具的選用和使用考核信息 3. 工作場地清潔與安全信息	0.2			
	專業技能	1. 按照項目技能評定標準 2. 嚴格執行「安全作業」條例 3. 提倡文明作業，杜絕野蠻違章作業	1. 作業完成情況記錄 2. 項目完成情況記錄 3. 安全操作記錄	0.5			
	知識能力	1. 項目知識認知能力 2. 拓展知識認知能力	1. 問題處理能力記錄 2. 簡答成功率 3. 作業完成情況	0.3			

指導教師綜合評價：

指導教師簽名： 日期：

任務3 燃油泵總成和燃油濾清器的更換

任務目標
（1）瞭解燃油泵和燃油濾清器的更換過程。
（2）掌握更換燃油濾清器和燃油泵的技巧。

【任務引入與解析】

燃油泵是汽車工作頻率最高的一個重要部件。由於它本身的工作性質，它的維修率也相應較高；更換燃油濾清器更是常見的汽車保養範圍。

通過本工作任務的實施，可使學生更多地瞭解整個工作過程，掌握更換燃油泵和燃油濾清器的技巧，同時對以上部件的結構、功用等加深認知。

熟練更換汽車零部件也是維修技術人員必須具備的基本功。要做到巧用工具，使用技巧更換零部件。

【任務準備與實施】

知識準備

一、燃油泵的結構和功用（如圖 4-1-5 所示）

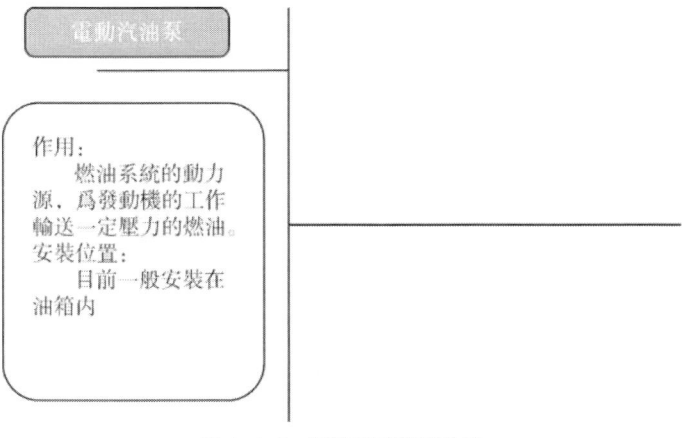

```
電動汽油泵
├── 作用：
│     燃油系統的動力源，為發動機的工作輸送一定壓力的燃油。
└── 安裝位置：
      目前一般安裝在油箱內
```

圖 4-1-5　汽油泵結構與功用

二、燃油濾清器的結構和工作過程

（1）結構：現代汽車發動機多採用一次性、不可拆式紙質汽油濾清器，安裝於燃油泵之後。由於紙質濾清器性能良好，製造和使用方便，因此，被越來越多地使用，如桑塔納和奧迪轎車採用的就是這種濾芯。

（2）工作過程：發動機工作時，汽油在汽油泵的作用下，從進油口接頭流入汽油濾清器濾芯的外部，汽油流經濾芯後被濾清，清潔的汽油流入濾芯內腔，然後從出油管接頭流出至燃油分配管。

器材與場所準備

器材（設備、工量具、耗材）	資料準備	教學場所
設備：帕薩特1.8T乘用車、舉升機，需備有乾式化學滅火器。 工量具：拆裝常用工具。 耗材：燃油濾清器 n 個、棉紗或毛巾。 註：根據班級人數確定設備數量，每組4~6人適宜。	1. 學習任務單（實物與圖片對比） 2. 課程教學資料	發動機實訓室 註：在理實一體化教室最佳（帶多媒體）

任務實施

燃油泵總成和燃油濾清器的更換

第一步：安全要求及注意事項

（1）正確使用舉升機和巧用拆裝工具。
（2）在安裝燃油泵的過程中，拔下電瓶電源，注意防火措施。
（3）在工作場地禁止明火和吸菸，確保通風性能良好。

（4）嚴禁干試汽油油泵。
（5）維修後，應檢查燃油系統是否有漏油現象。
（6）更換下來的燃油濾清器不要隨便亂丟棄。

第二步：燃油泵的拆卸與安裝

圖形圖示	說明
車上安裝汽油泵的位置（油箱上）	1. 拆卸油泵 ①切斷電瓶電源，清潔油箱上部污物。 ②拔下油泵電源插頭、油管，使用專用工具拆卸油泵。 ③把油泵從油箱裡取出來。 2. 安裝油泵 ①把油泵固定好。 ②安裝油管（油管接頭不得有漏油現象），能分辨進出油管。 ③插接電源插頭注意正負極，特別是安裝新泵時更要注意。 ④接通電瓶電源，試驗油泵工作狀況，查看有無漏油或滲油現象。 注意：嚴禁干試汽油油泵。

第三步：燃油濾清器的更換

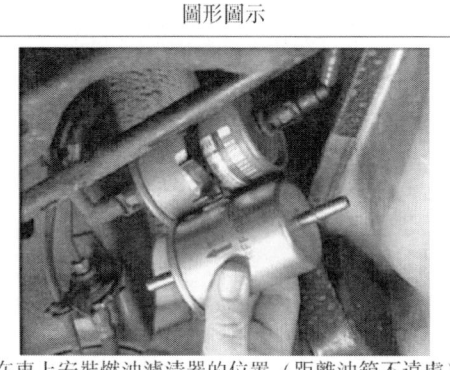

圖形圖示	說明
在車上安裝燃油濾清器的位置（距離油箱不遠處）	更換燃油濾清器 （1）卸掉燃油系統的油壓。 （2）查找、拆裝燃油濾清器，安裝位置和結構形式如左圖所示。 （3）更換時，注意濾清器的安裝方向，通常濾清器上有方向指示標記。 （4）安裝濾清器油管，不得有滲油現象。 （5）安裝好後，啓動發動機觀察，手摸有無漏油現象，檢查重點是油管接頭處。

第四步：清理、清掃

（1）嚴格按照汽車「4S」店車間管理製度執行，遵守實訓車間「整理、整頓、清理、清掃、安全、素養」的6S管理。
（2）工作任務完成後，首先檢查工具，以防掉入發動機內。
（3）清理工作現場。
（4）對此次工作任務的質量進行講評。

項目四　汽油機燃油供給系統

任務拓展

填寫供給系統主要部件安裝位置

實訓車型：_____

部件	燃油泵	燃油濾清器	燃油分配管	噴油器	油壓調節器
安裝位置					

【任務考核與評價】

任務名稱_____

專業：　　　　班級：　　　　姓名：　　　　指導教師：

<table>
<tr><th colspan="2">序號</th><th>考核內容</th><th>配分</th><th>評分標準</th><th>得分</th></tr>
<tr><td rowspan="7">任務考核內容</td><td>1</td><td>正確選用工具、儀器、設備</td><td>10</td><td>工具選用不當扣 1 分/每次</td><td></td></tr>
<tr><td>2</td><td>安裝汽油濾清器的方法與要領及準確度</td><td>30</td><td>錯誤扣 2 分/每處</td><td></td></tr>
<tr><td>3</td><td>安裝汽油泵方法與要領及準確度</td><td>30</td><td>錯誤扣 2 分/每個</td><td></td></tr>
<tr><td>4</td><td></td><td></td><td>錯誤扣 2 分/每處</td><td></td></tr>
<tr><td>5</td><td>說出主要零部件結構形式 n 種</td><td>20</td><td>錯誤扣 2 分/每點</td><td></td></tr>
<tr><td>6</td><td>安全操作、無違章</td><td>10</td><td>出現安全、違章操作，此次實訓考核記零分</td><td></td></tr>
<tr><td>7</td><td>分數合計</td><td>100</td><td></td><td></td></tr>
</table>

<table>
<tr><th rowspan="2">評價</th><th rowspan="2">評價標準</th><th rowspan="2">評價依據
（信息、佐證）</th><th rowspan="2">權重</th><th>得分
小計</th><th rowspan="2">總分</th><th rowspan="2">備註</th></tr>
<tr><td></td></tr>
<tr><td rowspan="4">任務評價內容</td><td rowspan="1">職業素質</td><td>1. 遵守維修管理規定
2. 按時完成工作任務
3. 操作規範無違章
4. 工作積極、勤奮好學</td><td>1. 工作過程記錄信息
2. 工量具的選用和使用考核信息
3. 工作場地清潔與安全信息</td><td>0.2</td><td></td><td></td><td></td></tr>
<tr><td>專業技能</td><td>1. 按照項目技能評定標準
2. 嚴格執行「安全作業」條例
3. 提倡文明作業，杜絕野蠻違章作業</td><td>1. 作業完成情況記錄
2. 項目完成情況記錄
3. 安全操作記錄</td><td>0.5</td><td></td><td></td><td></td></tr>
<tr><td>知識能力</td><td>1. 項目知識認知能力
2. 拓展知識認知能力</td><td>1. 問題處理能力記錄
2. 簡答成功率
3. 作業完成情況</td><td>0.3</td><td></td><td></td><td></td></tr>
</table>

表(續)

指導教師綜合評價：	
指導教師簽名：	日期：

任務 4　汽油發動機噴油器的清洗與檢測

任務目標
(1) 瞭解汽油發動機噴油器的結構和工作原理。
(2) 掌握清洗機的使用和噴油器的檢測及清洗方法。

【任務引入與解析】

對電控發動機來說，清洗噴油器的工作是我們正常維護保養工作中的重點之一。噴油器性能的好壞，直接影響到發動機的經濟性能和動力性能好壞。簡單地說，其與混合氣濃度息息相關。所以，檢測噴油器是維修技術人員必須具備的能力。

通過本工作任務的實施，使學生更多地瞭解整個工作過程，掌握噴油器的檢測內容和方法，為後續發動機故障檢測與排除打下良好的基礎，同時也加深學生對噴油器多種結構形式的認知。

通常發動機出現的加速不暢、動力性能下降等現象，都與混合氣配比濃度有關，間接地與噴油器過臟、噴油量不足以及噴油器本身性能有關。下面就通過試車檢測來達到認知，你準備好了嗎？

【任務準備與實施】

知識準備

一、噴油器功用與結構認知

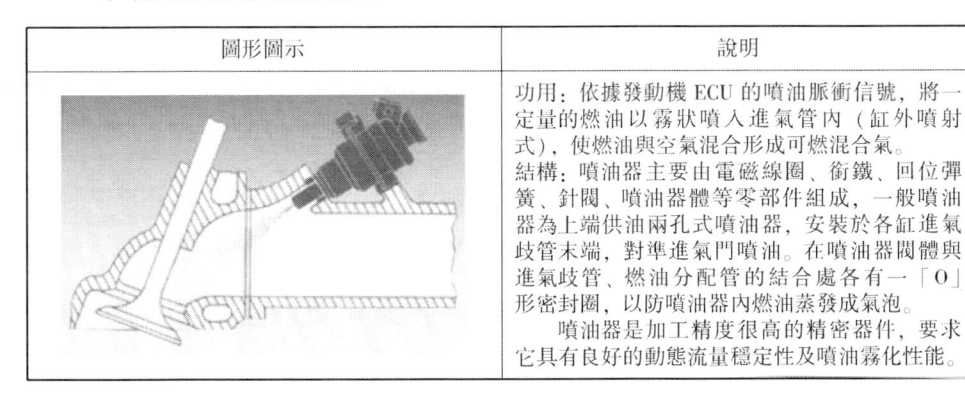

圖形圖示	說明
	功用：依據發動機 ECU 的噴油脈衝信號，將一定量的燃油以霧狀噴入進氣管內（缸外噴射式），使燃油與空氣混合形成可燃混合氣。 結構：噴油器主要由電磁線圈、銜鐵、回位彈簧、針閥、噴油器體等零部件組成，一般噴油器為上端供油兩孔式噴油器，安裝於各缸進氣歧管末端，對準進氣門噴油。在噴油器閥體與進氣歧管、燃油分配管的結合處各有一「O」形密封圈，以防噴油器內燃油蒸發成氣泡。 噴油器是加工精度很高的精密器件，要求它具有良好的動態流量穩定性及噴油霧化性能。

二、噴油器工作原理

噴油器噴油量取決於三個因素：噴油孔截面的大小、噴油壓差和噴油持續時間。對於一定型號的噴油器來講，噴油孔截面的大小是固定不變的，而噴油壓差則由燃油壓力調節器調節為定值，因此，噴油量只取決於噴油持續時間，即取決於噴油器電磁線圈的通電脈衝寬度。

電磁線圈通電時，產生電磁力，吸動銜鐵上移，帶動針閥升起，閥門打開，燃油噴出；電磁線圈斷電時，電磁力隨即消失，針閥被彈簧壓緊在閥座上，停止噴油。

針閥升程約為 0.1mm，噴油持續時間約在 2~10ms 範圍內。

器材與場所準備

器材（設備、工量具、耗材）	資料準備	教學場所
設備： (1) 汽油汽車 n 臺（帕薩特 1.8T 乘用車）。 (2) 清洗機 2 臺（免拆清洗機、普通清洗機）。 工具：舉升機、常規工具等。 耗材：清洗液、噴油器專用清洗液、棉紗或棉布。 註：根據班級人數確定設備數量，每組 4~6 人適宜。	1. 項目設計 2. 學習任務單 3. 課程教學資料	1. 多媒體教室 2. 發動機實訓室 註：在理實一體化教室最佳（帶多媒體）

任務實施

汽油發動機噴油器清洗和檢測

第一步：安全要求及注意事項

（1）正確使用舉升機及檢測設備。

（2）在工作場地禁止明火和吸菸，確保通風性能良好。

（3）燃油供給系統壓力較高，要防止飛濺出來傷人眼睛，拆卸前必須對系統進行泄壓。

（4）拆卸油管時，應注意用棉紗擦淨油滴，防止檢修電器時打火而發生危險。

（5）嚴禁在拆卸油管的時候啓動發動機。

（6）在組裝燃油回路零部件時，所使用的各種墊片應更換新件。

（7）維修後，應檢查燃油系統是否有漏油現象。

第二步：噴油器的就車檢測

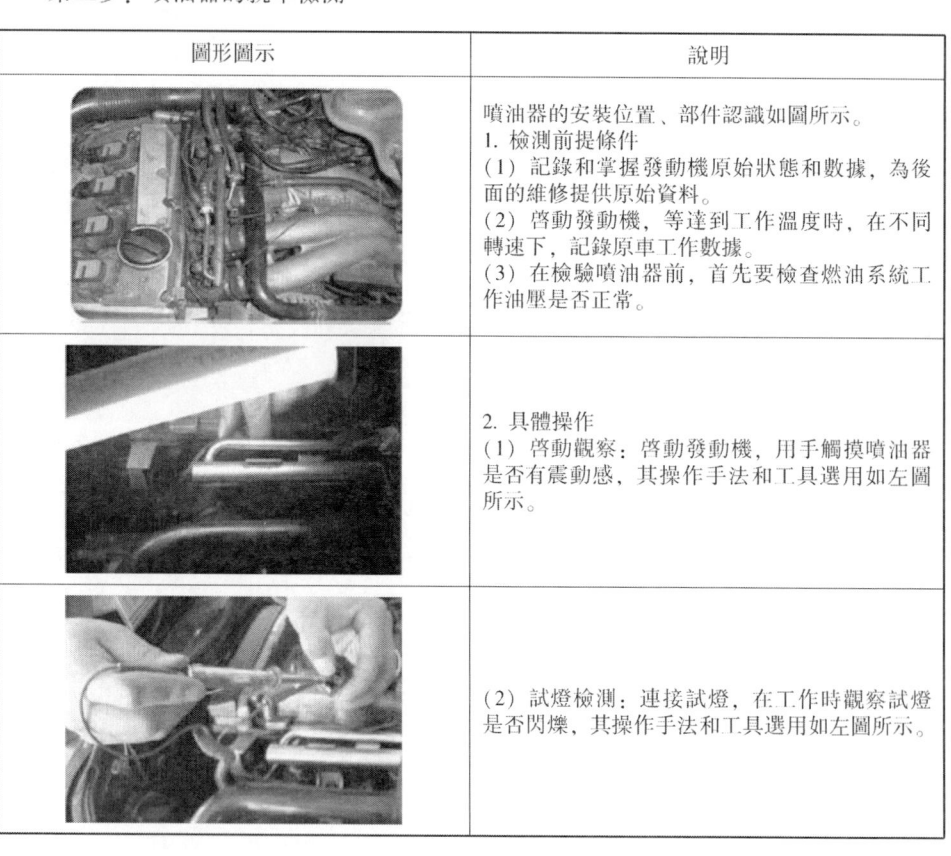

圖形圖示	說明
	噴油器的安裝位置、部件認識如圖所示。 1. 檢測前提條件 （1）記錄和掌握發動機原始狀態和數據，為後面的維修提供原始資料。 （2）啓動發動機，等達到工作溫度時，在不同轉速下，記錄原車工作數據。 （3）在檢驗噴油器前，首先要檢查燃油系統工作油壓是否正常。
	2. 具體操作 （1）啓動觀察：啓動發動機，用手觸摸噴油器是否有震動感，其操作手法和工具選用如左圖所示。
	（2）試燈檢測：連接試燈，在工作時觀察試燈是否閃爍，其操作手法和工具選用如左圖所示。

第三步：噴油器的拆卸

圖形圖示	說明
	由於系統中存在油壓，在拆卸時需注意燃油溢出，可預先在接頭下方墊上一塊毛巾以吸收溢出的燃油。 1. 拆卸進油管 其操作手法和工具選用如左圖所示。
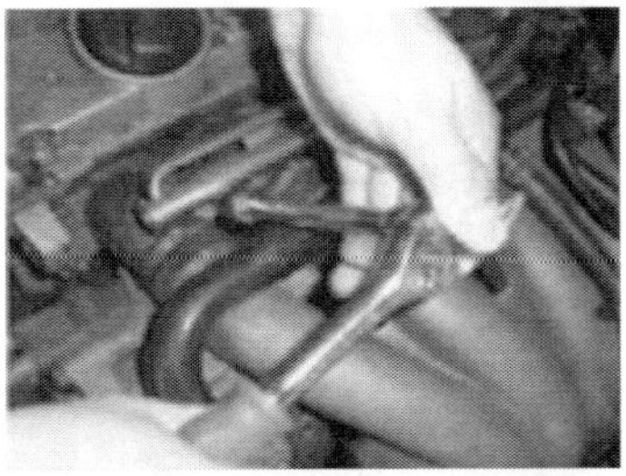	2. 拆卸噴油器 其操作手法和工具選用如左圖所示。
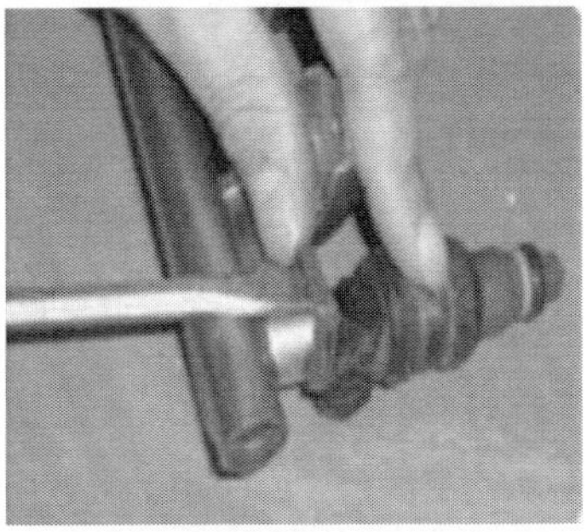	3. 取噴油器卡簧 其操作手法和工具選用如左圖所示。
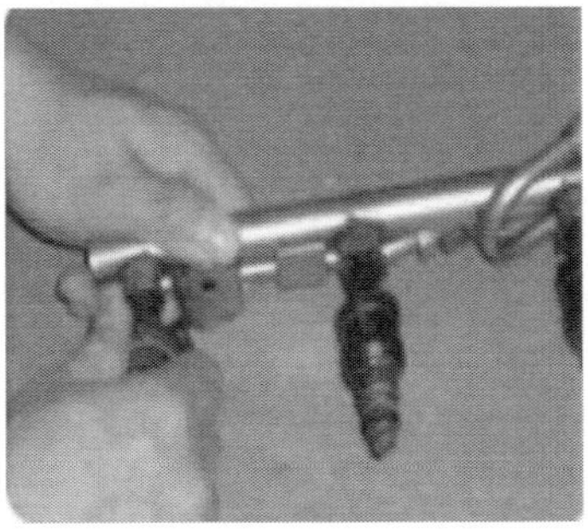	4. 旋動取下噴油器 其操作手法和工具選用如左圖所示。

第四步：部件檢查與清潔

圖形圖示	說明
	1. 檢測噴油器的電阻 　　用數字萬用表檢測噴油器阻值一般為 11～17KΩ，且各缸噴油器阻值互差不超過 1KΩ，檢測手法和位置如左圖所示。
	2. 清洗噴油器 　　檢查噴油器濾網（乾淨、無雜物），檢測手法和使用清洗劑如左圖所示。
	3. 檢查噴油器的密封圈 　　檢查噴油器的密封圈（完好、無破損），檢測手法如左圖所示。

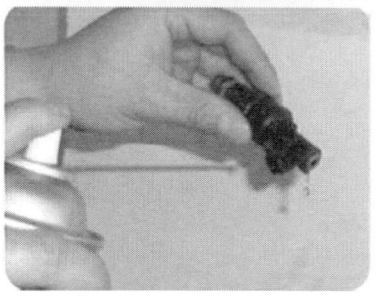

第五步：噴油器表面的清洗

說明	1. 準備工作 　　使用設備噴油器檢測儀，如下圖（1）、（2）所示。其檢測設備品種較多，要根據自己的需求進行選擇。
圖形圖示	  （1）檢測儀外表　　　　　　　　　　（2）檢測儀操作開關
說明	2. 選用測試液和清洗液 　　使用測試液套裝樣品，如下圖（1）、（2）所示。其市場種類較多，要根據自己的需求進行選擇。 注意：圖（1）清洗噴油器內部使用液；圖（2）清洗噴油器外部使用液。不能混用。
圖形圖示	 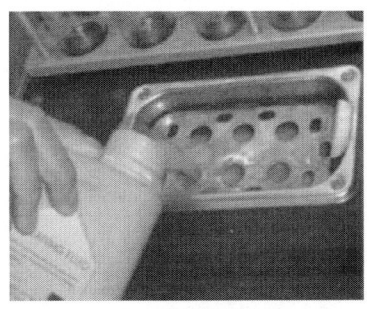 （1）清洗液、測試液　　　　　　　　（2）添加清洗液
說明	3. 連接噴油器測試插頭，做好基本設定

表(續)

圖形圖示	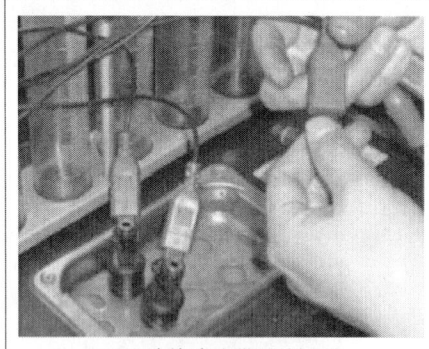 (1) 連接噴油器測試插頭 	(2) 基本設定參數按鍵
說明	4. 噴油器內部的清洗、測試 　　(1) 將被檢測的噴油器安裝在清洗機上安裝時，密封圈上要抹上少許潤滑脂。其手法和位置如下圖 (1) 所示。 　　(2) 連接噴油器測試插頭。安裝電源插頭時可以自由插接，如下圖 (2) 所示。	
圖形圖示	 (1) 安裝噴油器 	(2) 連接噴油器測試插頭
說明	5. 噴油霧化效果的檢驗 (1) 選擇相應程序並按下測試按鈕。其操作手法和位置如下圖 (1) 所示。 (2) 觀察噴射效果（均勻、一定錐角），查看部位如下圖 (2) 所示。	
圖形圖示	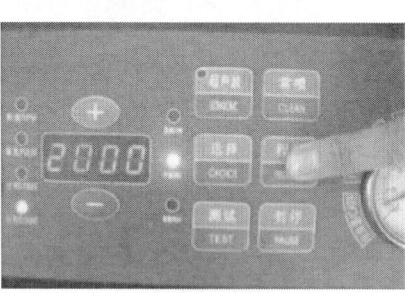 (1) 選擇測試按鈕 	(2) 觀察噴射效果
說明	6. 噴油量和密封性檢測 (1) 選擇常噴模式，檢查量杯中噴油量是否符合要求（常噴15S噴油量一般為 50~70ml，且各缸噴油量不允許相差 10%），操作按鈕位置如下圖 (1) 所示，噴油量如下圖 (2) 所示。	

項目四 汽油機燃油供給系統

表(續)

圖形圖示	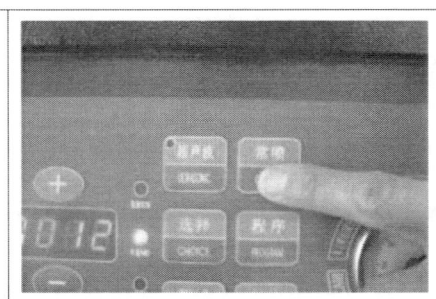 (1) 選擇常噴模式 	(2) 觀察噴油情況
說明	(2) 關閉狀態加壓測試噴油器滴油情況（1分鐘內不允許超過一滴）。其操作按鈕和滴油觀察如下圖（1）、（2）所示。	
圖形圖示	 (1) 加壓 	(2) 觀察滴油情況
說明	7. 部件組裝 檢驗調試完成後，將部件裝復回位。 (1) 在密封圈周圍塗上均勻的潤滑油，操作手法如下圖（1）所示。 (2) 安裝噴油器時需用力均勻，卡片應安裝到位，安裝手法如下圖（2）所示。	
圖形圖示	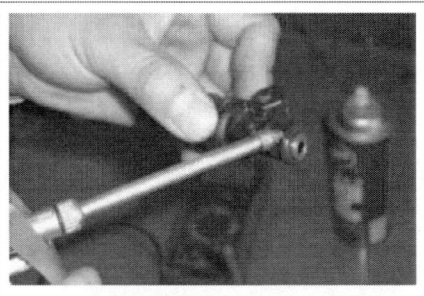 (1) 在密封圈周圍均勻地塗上潤滑油 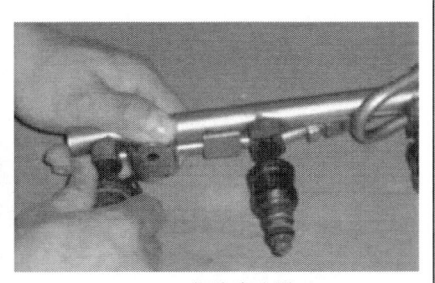	(2) 安裝噴油器
說明	8. 噴油器組件組裝 (1) 安裝油軌固定螺絲及管路接頭，操作手法如下圖（1）所示。 (2) 連接各缸噴油器插頭，安裝位置如下圖（2）所示。	

表(續)

圖形圖示	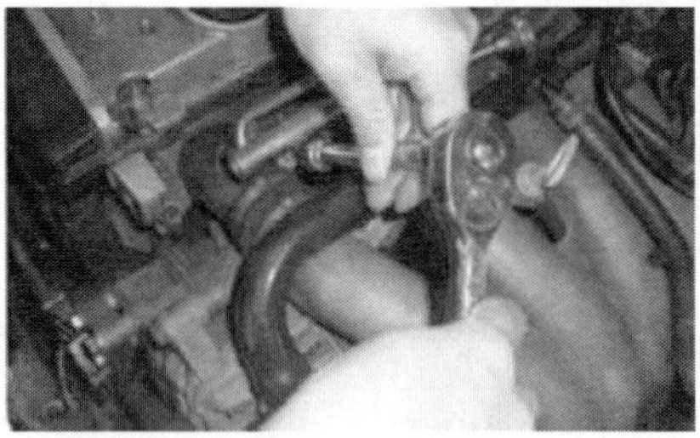 (1) 安裝油軌固定螺絲 　　(2) 連接噴油器插頭
說明	9. 竣工檢驗 職業素養要求：維修結束，必須對所維修項目進行竣工檢驗，以確保安裝是否到位，防止出現意外。 (1) 檢查管路接頭、噴油器結合部位是否滲油，如下圖 (1)、(2) 所示。
圖形圖示	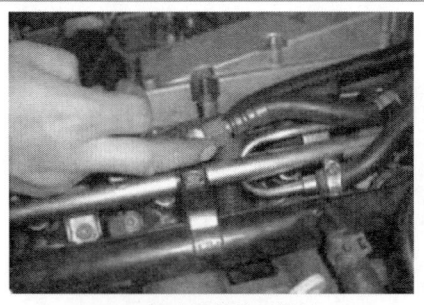 (1) 檢查油管是否漏油 　　(2) 使用燈光檢查死角位置
	(2) 整體外觀檢查正常，檢查拆卸過的部位，位置如下圖 (1) 所示。 (3) 安裝外圍附件，填寫維修工單、交車，外圍檢查如下圖 (2) 所示。
	 (1) 整體外觀檢查 　　(2) 安裝外圍附件

第六步：裝復檢查

(1) 整個工作過程清洗裝復完工後，要對所拆裝的部件進行檢查。

(2) 重點檢查汽油容易滲漏處，特別是油管接頭部位。

(3) 以上檢查完畢後，起動發動機進行檢驗，查看是否有漏油或異響，無誤再交車。

第七步：清理、清掃

（1）嚴格按照汽車「4S」店車間管理製度執行，遵守實訓車間「整理、整頓、清理、清掃、安全、素養」的6S管理。
（2）工作任務完成後，首先檢查工具，以防掉入發動機內。
（3）清理工作現場。
（4）對此次工作任務的質量進行講評。

任務拓展

在超聲波清洗機上檢測噴油器的噴油性能，並填入表4-4-1中。

表4-4-1　　　　　　　　　　　　噴油器性能檢測

噴油器性能	噴油器1	噴油器2	噴油器3	噴油器4
工作條件1 壓力： 頻率： 噴油量：				
工作條件2 壓力： 頻率： 噴油量：				
是否正常	正常/ 不正常	正常/ 不正常	正常/ 不正常	正常/ 不正常

【任務考核與評價】

任務名稱＿＿＿＿＿＿＿＿＿＿

專業：		班級：	姓名：	指導教師：	
任務考核內容	序號	考核內容	配分	評分標準	得分
	1	正確選用工具、儀器、設備	10	工具選用不當扣1分/每次	
	2	說出檢測氣門間隙的方法與要領及準確度	30	錯誤扣2分/每處	
	3	配氣機構功能和組成認知	10	錯誤扣2分/每個	
	4	氣門間隙測量實操	40	錯誤扣2分/每處	
	5	安全操作、無違章	10	出現安全、違章操作，此次實訓考核記零分	
	6	分數合計	100		

表(續)

評價內容	評價	評價標準	評價依據 (信息、佐證)	權重	得分小計	總分	備註
任務評價內容	職業素質	1. 遵守維修管理規定 2. 按時完成工作任務 3. 操作規範無違章 4. 工作積極、勤奮好學	1. 工作過程記錄信息 2. 工量具的選用和使用考核信息 3. 工作場地清潔與安全信息	0.2			
	專業技能	1. 按照項目技能評定標準 2. 嚴格執行「安全作業」條例 3. 提倡文明作業，杜絕野蠻違章作業	1. 作業完成情況記錄 2. 項目完成情況記錄 3. 安全操作記錄	0.5			
	知識能力	1. 項目知識認知能力 2. 拓展知識認知能力	1. 問題處理能力記錄 2. 簡答成功率 3. 作業完成情況	0.3			

指導教師綜合評價：

指導教師簽名： 日期：

項目五
柴油機燃油供給系統

【項目概述】

　　柴油機以柴油為燃料。柴油機燃油供給系統主要是儲存、濾清和輸送柴油，並由低壓油路經高壓油泵轉變為高壓油路，且按柴油機不同工況的要求，定時、定量、定壓將柴油由噴油器以霧狀形式噴入燃燒室，使其與空氣迅速地混合和燃燒，對外輸出動力。

　　柴油機的燃料和點火工作方式與汽油機有很大差別，主要表現為：

　　（1）所用燃料不同。汽油與柴油相比較，汽油沸點低、易揮發；柴油不易揮發，但其自燃溫度低。

　　（2）點火方式不同。汽油機著火需火花塞點燃，即點燃式；而柴油機著火無需火花塞，著火方式是壓燃式。柴油機將吸入的空氣壓縮以提高空氣溫度，當溫度超過柴油的自燃溫度時，再噴入柴油，霧化的柴油和空氣混合，自行著火燃燒做功。

　　那麼，柴油機與汽油機相比，主要的優缺點有哪些呢？

　　首先，與汽油機相比，柴油機動力性和經濟性好，並且沒有點火系統，所以故障率相對較少。其次，與汽油機相比，柴油機氣缸工作壓力大，這就要求各相關零部件要具有較高的結構強度和剛度，所以柴油機比較笨重，體積較大；柴油機的噴油泵與噴油器製造精度要求高，因此成本較高。此外，柴油機動力大、省油、故障較少，但是振動噪音大。最後，柴油不易揮發，因此冬季冷車啟動較困難。由於以上特性，一般卡車、大型載重車輛和特種車輛大多使用柴油發動機。

　　本項目將從三個工作任務入手，讓學生通過工作任務能夠認知柴油發動機供給系統組成、功用及基本結構，掌握供給系統拆檢的能力。通過任務，讓學生掌握基本結構以及各個結構類型的區別，為深入學習診斷和排除汽車發動機故障打下良好基礎。

【項目要求】

　　（1）能敘述柴油機供給系統的基本組成和供給線路。

　　（2）掌握柴油發動機的工作過程（工作原理）。

　　（3）熟悉燃油供給系統各部件名稱、作用和結構特點。

　　（4）能夠簡述低壓油路如何轉變為高壓油路的過程。

（5）能對電控柴油發動機燃油供給系統進行檢修。
（6）會使用專用設備校正噴油器。
（7）會進行燃油供給系統油壓的檢測。

【項目任務與課時安排】

項目	任務	教學方法	學時分配	學時總計
項目五 柴油機 燃油供給 系統	任務 1	柴油機供給系統的認識與供油系統內排空氣方法的操作	微課+實訓	6	14
	任務 2	柴油發動機噴油器的校驗	理實一體化	4	
	任務 3	供油正時的校準	理實一體化	4	

任務 1　柴油機供給系統的認識與供油系統內排空氣方法的操作

任務目標
（1）瞭解柴油發動機供給系統的基本結構形式。
（2）掌握柴油發動機燃油供給系統的基本組成和供油原理。
（3）熟悉柴油發動機供給系統各部件的名稱和結構特點。
（4）學會燃油供給系統內排空氣的方法。

【任務引入與解析】

　　燃燒，是指燃油和空氣的混合氣體的燃燒。那麼柴油機的供給，當然指的主要是燃油和空氣的供給問題，這個供給系統使要把純淨的燃油和空氣，定時、定量、定壓地以霧狀形式噴入燃燒室，使其與空氣迅速地混合和燃燒，並對外輸出動力。要做到這麼精密的配合，當然單靠某個裝置是難以完成的，所以說這個系統是一個復雜的、各部協調、有規則的系統。

　　本任務主要是通過微課或動漫的解讀，使學生通過對燃油供給裝置、空氣供給裝置以及廢氣排出裝置等裝置的認識，最終達到對燃燒作功並排除廢氣的整個過程認識的目的。為後續課程的學習以及拓展打下良好的基礎。

　　前面我們已經講解了汽油機的供給系統，那麼，柴油機的供給系統又是如何的呢？燃料是如何供給的？燃油系統內進入了空氣怎麼辦？

【任務準備與實施】

知識準備

一、柴油機基本特點認識

柴油機與汽油機的不同點在於所使用的燃料不同，這也就決定了其結構、工作原

理和性能等方面的不同。具體如下：

（1）柴油機的壓縮比大，熱效率高，經濟性能好。柴油機的壓縮比一般為 16~24，熱效率為 30%~40%，這兩項都比汽油機高，因此燃料燃燒充分，經濟性能較好。

（2）混合氣的形成、點火和燃燒方式不同於汽油機。高壓柴油噴入燃燒室，與氣缸內的純淨空氣混合，混合後的氣體在燃燒室內被壓燃後，柴油機邊噴油，邊混合，邊燃燒。

（3）柴油機的排放污染小。柴油機過量，空氣係數大，因此，一氧化碳和碳氫化合物排放低，由於氣缸內的工作壓力和溫度較高，使得氮氧化合物較多，大負荷易產生碳菸。

（4）柴油機燃油供給系統結構複雜、加工精度高。為保證混合氣的形成質量，必須將柴油高壓、高速直接噴入氣缸，所以柴油機燃油供給系統的零部件結構複雜，配合精度要求較高。

（5）柴油機的故障較少，但排氣噪音和振動都較大。

二、柴油機燃油供給系統的認識

柴油機供給系統主要由燃料供給裝置、空氣供給裝置及廢氣排放裝置等組成。

（1）燃料供給裝置：由燃油箱、輸油泵（膜片式）、低壓油管（油箱至高壓油泵）、調壓閥、柴油濾清器、高壓油泵（噴油泵）、高壓油管（高壓油泵至噴油器）、噴油器和回油管路（噴油器至油箱）等部件組成（如圖 5-1-1 所示）。

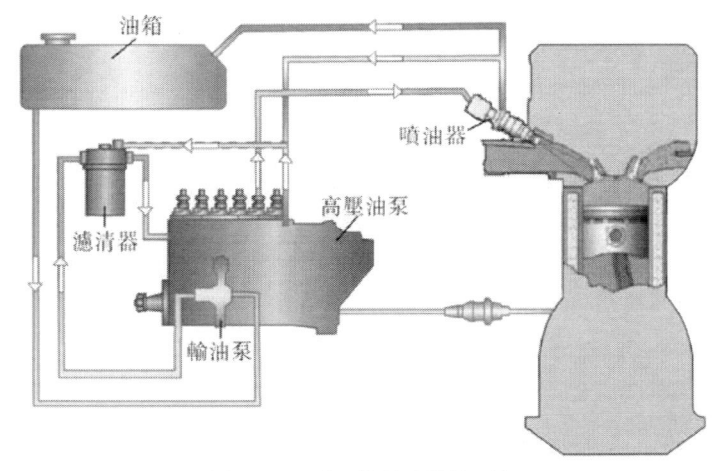

圖 5-1-1　柴油機燃油供給系統

（2）空氣供給裝置：由空氣濾清器、進氣歧管、增壓器（渦輪增壓器）等部件組成。

（3）廢氣排出裝置：由排氣歧管、排氣管和消音器等主要部件組成。

供給系中，空氣濾清器、進排氣歧管、排氣管、消音器及油箱等的結構、功用和工作原理基本與汽油機供給系相同，本項目不再贅述。

三、燃油供給系統油路的工作過程認識

柴油從油箱被吸入輸油泵並泵出，經燃油濾清器濾去雜質後進入高壓油泵，由高壓油泵將柴油提高到一定壓力後，通過高壓油管進入噴油器，噴油器再將高壓燃油呈

霧狀噴入燃燒室。

（1）低壓油路：從燃油箱到噴油泵入口的這段油路是由膜片式輸油泵建立的低壓油路，壓力一般為0.25±0.05MPa，負責向高壓油泵提供濾清的燃油。由於輸油泵供油量比高壓油泵供油量大得多，所以過量的燃油要經回油管流回油箱。

（2）高壓油路：從高壓油泵到噴油器這段油路是由高壓油泵建立的高壓油路，壓力一般為24±0.80MPa。高壓燃油通過噴油器呈霧狀噴入燃燒室，與被活塞壓縮而形成的高溫、高壓空氣混合形成可燃混合氣。噴油器中多餘的燃油經回油管路流回油箱。

高溫、高壓的可燃混合氣自行燃燒做功，向外輸出轉矩；而燃燒後形成的廢氣經排氣歧管、排氣管和消音器排入大氣。

器材與場所準備

器材（設備、工量具、耗材）	資料準備	教學場所
設備： （1）投影儀。 （2）發動機實物n個（實物與圖片比較）。 （3）可燃柴油發動機試驗臺4臺、正常實訓柴油車輛2臺。 工具：常用維修工具數套（根據分組決定）。 耗材：柴油4升、抹布、清洗汽油。 註：根據班級人數確定設備數量，每組4~6人適宜。	1. 根據知識準備內容使用微課或PPT課件講解發動機供給系統 2. 學習任務單（實物與圖片對比） 3. 課程教學資料	1. 多媒體教室 2. 發動機實訓室 註：在理實一體化教室最佳（帶多媒體）

任務實施

柴油機供給系統維護與故障

第一步：安全要求及注意事項
（1）遵守實訓場地的安全製度。
（2）愛護所有實訓場地的實訓設備。
（3）保持實訓場地的清潔。
（4）排氣時，其他人員要注意操作者的動作。
（5）不要採用猛力拆裝螺栓、螺母。

第二步：檢查燃油系統是否進入空氣
先鬆開燃油濾清器上的放氣螺釘，用手驅動輸油泵手柄，如圖5-1-2所示，觀察放氣螺釘處是否流油。若不流油或流出泡沫狀燃油，且扳動手柄時感覺較輕，表明低壓油路中滲入了空氣。

第三步：燃油系統排氣
一般供油系統上有兩個排氣螺釘，一個安裝在柴油濾清器上，另一個安裝在高壓油泵（噴油泵）上。這樣的排氣螺釘要分別排除空氣。
（1）本系統安裝了一個排氣螺釘。排氣時，先鬆開放氣螺釘，用輸油泵的手動油泵連續泵油，當放氣螺釘中流出的柴油中無氣泡時，即擰緊放氣螺釘。排氣螺釘位置如圖5-1-2所示。
（2）繼續驅動輸油泵手柄，直到輸油泵不起作用，隨即旋轉擰緊輸油泵手柄。

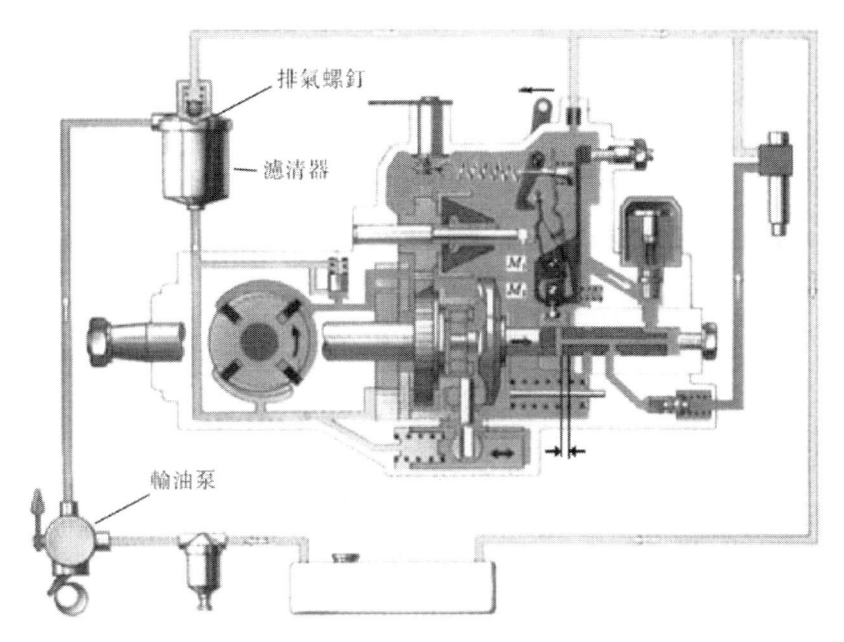

圖 5-1-2　轉子式分配泵柴油機燃油供油系統示意圖

（3）啓動發動機，擰緊噴油器高壓油管接頭，排放該缸高壓油管中的空氣，但必須在油管溢流的狀態下緊固排氣螺釘或油管接頭（共軌柴油機不可以這樣操作）。

（4）在發動機運轉時，檢查柴油濾清器、噴油泵的排氣螺釘和油管接頭是否漏油。

第四步：清理、清掃

（1）嚴格按照汽車「4S」店車間管理製度執行，遵守實訓車間「整理、整頓、清理、清掃、安全、素養」的 6S 管理。

（2）工作任務完成後，首先檢查工具，以防掉入發動機內。

（3）清理工作現場。

（4）對此次工作任務的質量進行講評。

任務拓展

1. 技術要點

（1）噴油器噴油壓力較高，一般為：12～25MPa（維修時都要以當車技術資料為準）。

（2）噴油泵又稱高壓油泵，一般固定在機體一側的支架上，其由柴油機曲軸通過齒輪驅動，齒輪軸和噴油泵的凸輪軸用聯軸節連接，調速器安裝在噴油泵的後端。

（3）噴油泵按作用原理不同，可分為柱塞式噴油泵、噴油泵-噴油器和轉子分配式噴油泵。

（4）直列柱塞式噴油泵每個氣缸都有一套泵油機構，幾個相同的泵油機構裝置在同一泵體上就構成了多缸發動機噴油泵。

（5）VE 型分配泵由驅動機構、二級葉片式輸油泵、高壓分配泵頭和電磁式斷油閥等組成，機械式調速器和液壓式噴油提前器安裝在分配泵體內。

（6）輸油泵的作用是保證柴油在低壓油路內循環，並保證足夠數量及一定壓力的

柴油給噴油泵，其輸油量應為全負荷最大噴油量的3~4倍。輸油泵有活塞式、膜片式、齒輪式、葉片式四種。

（7）廢氣渦輪是利用發動機排氣的動力使進氣增壓，增加密度以增加進氣量，提高發動機動力，降低廢氣排放量。其主要由渦輪和壓氣機組成。

2. 在下列表中填寫實訓使用的柴油發動機組成部件的結構類型

序號	零部件名稱	結構類型	發動機上安裝位置
1	噴油泵		
2	輸油泵		
3	調速器		
4	噴油器		

【任務考核與評價】

任務名稱＿＿＿＿＿＿＿＿＿＿＿＿＿＿＿＿＿

專業：　　　班級：　　　姓名：　　　指導教師：

	序號	考核內容	配分	評分標準	得分
任務考核內容	1	正確選用工具、儀器、設備	10	工具選用不當扣1分/每次	
	2	排出燃油系統內空氣的方法與要領及準確度	30	錯誤扣2分/每處	
	3	柴油機供油系統的組成認知	20	錯誤扣2分/每個	
	4	供油系統主要零部件名稱認知	20	錯誤扣2分/每處	
	5	說出主要供給系統零部件結構形式n種	10	錯誤扣2分/每點	
	6	安全操作、無違章	10	出現安全、違章操作，此次實訓考核記零分	
	7	分數合計	100		

	評價	評價標準	評價依據（信息、佐證）	權重	得分小計	總分	備註
任務評價內容	職業素質	1. 遵守維修管理規定 2. 按時完成工作任務 3. 操作規範無違章 4. 工作積極、勤奮好學	1. 工作過程記錄信息 2. 工量具的選用和使用考核信息 3. 工作場地清潔與安全信息	0.2			
	專業技能	1. 按照項目技能評定標準 2. 嚴格執行「安全作業」條例 3. 提倡文明作業，杜絕野蠻違章作業	1. 作業完成情況記錄 2. 項目完成情況記錄 3. 安全操作記錄	0.5			
	知識能力	1. 項目知識認知能力 2. 拓展知識認知能力	1. 問題處理能力記錄 2. 簡答成功率 3. 作業完成情況	0.3			

指導教師綜合評價：	
指導教師簽名：	日期：

任務 2　柴油發動機噴油器的校驗

任務目標
（1）瞭解噴油器的類型及特徵並掌握其結構特點。
（2）能對噴油器進行拆解、清洗並校驗。
（3）熟悉供油系統主要部件的功能和結構形式。

【任務引入與解析】

　　噴油器是將清潔的燃油以一定的噴射壓力、速度和射程，以及合適的噴霧錐角和噴霧品質噴入氣缸，使燃油霧化成細粒，並在氣缸內均勻分布。此外，噴油器還應在規定的停止噴油時刻迅速切斷燃油的供給，不發生滴漏，以免惡化燃燒過程。
　　噴油器工作時噴油壓力過低、噴霧質量差、噴油錐角過小、噴油孔堵塞或滴油等現象，均可造成發動機運轉不穩，排氣冒黑煙。這些故障通常是由噴油器工作環境惡劣，磨損和積碳等引起的。
　　本任務是常見檢測與維修工作之一，通過實施該任務，能使學生學會校驗噴油器的基本方法，掌握噴油器的結構特點及類型，懂得燃油供油系統主要零部件的結構形式以及功用。
　　現有一東風康明斯 6BT 型柴油發動機出現動力不足、排氣管冒黑煙等現象（供油壓力正常），經初步診斷發現是噴油器故障，要求對該汽車噴油器進行校驗。
　　此故障需先對噴油器進行檢查、調試，如有必要還要對噴油器進行拆裝和調試。

【任務準備與實施】

知識準備

一、噴油器的類型
　　噴油器分為開式和閉式兩種。開式噴油器的高壓油腔通過噴孔直接與燃燒室相通，而閉式噴油器則在高壓油腔與燃燒室之間加裝針閥隔斷。現在絕大多數柴油發動機採

用閉式噴油器。閉式噴油器常見的形式有兩種：孔式和軸針式。

孔式噴油器主要用於直接噴射燃燒室，噴油孔的數目一般為1~8個，噴孔直徑為0.2~0.8mm，噴孔數與噴孔角度的選擇視燃燒室的形狀、大小及空氣渦流情況而定。孔式噴油器的噴油壓力高、霧化好，但容易被積碳堵塞。

YC6105QC 型和 YC610Q 型柴油機即採用孔式噴油器，噴油器為四孔等直徑 0.32mm，針閥開啟壓力為 18.62 ± 0.49MPa。

二、孔式噴油器的結構

6BT 發動機噴油器為 4 孔閉式噴油器，屬於新型低慣量噴油器，其結構如圖 5-2-1 所示。它主要由以下部件組成：

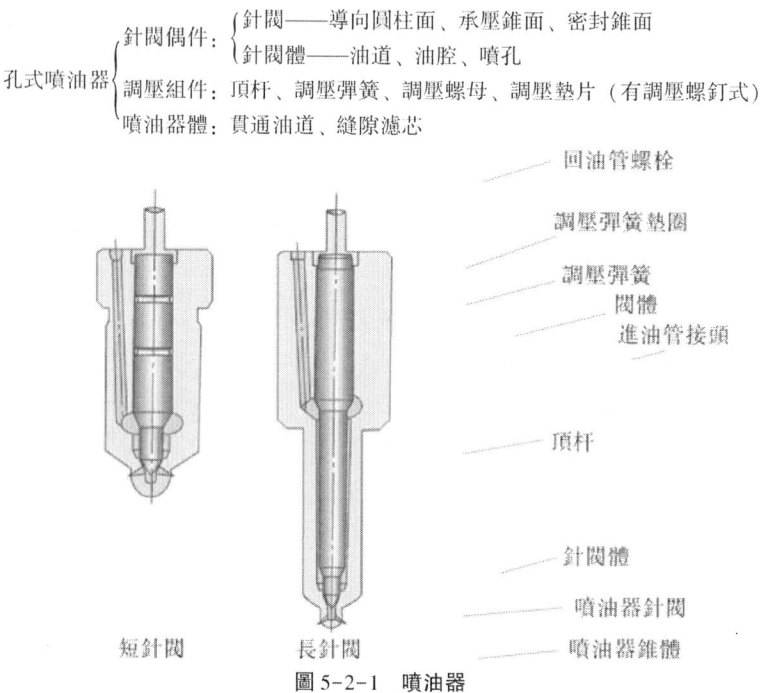

$$\text{孔式噴油器}\begin{cases}\text{針閥偶件}\begin{cases}\text{針閥——導向圓柱面、承壓錐面、密封錐面}\\\text{針閥體——油道、油腔、噴孔}\end{cases}\\\text{調壓組件：頂桿、調壓彈簧、調壓螺母、調壓墊片（有調壓螺釘式）}\\\text{噴油器體：貫通油道、縫隙濾芯}\end{cases}$$

圖 5-2-1 噴油器

三、噴油器的工作原理

噴油器在工作時，由噴油泵輸來的高壓柴油，經過油管接頭進入噴油器體上的進油道，再進入針閥體中部的環形油腔——高壓油腔，油壓作用在針閥的承壓錐面上，對針閥形成一個向上的軸向推力，當此推力大於調壓彈簧的預緊力及針閥偶件之間的摩擦力時，針閥上移，針閥下端密封錐面離開針閥體錐形環帶，打開噴孔，高壓柴油噴入燃燒室中。當噴油泵停止供油時，高壓油道內壓力迅速下降，針閥在調壓彈簧的作用下及時回位，將噴孔關閉，停止供油。其原理可簡單地表述為：

$$\text{噴油器工作原理}\begin{cases}\text{油壓}>\text{彈簧力，針閥抬起——噴油}\\\text{油壓}<\text{彈簧力，針閥落座——停噴}\end{cases}$$

可見，針閥的開啟壓力即噴油壓力的大小取決於調壓彈簧的預緊力。預緊力大，噴油壓力大，反之，則噴油壓力小。調壓彈簧的預緊力可通過調壓墊片來調整，增厚墊片，則壓力升高；減薄墊片，則壓力降低。

在噴油器工作期間，會有少量的柴油從針閥與針閥體上部導向部分之間的間隙緩慢漏出。這部分柴油對針閥起潤滑作用，並沿頂杆周圍空隙上升，通過回油孔進入回油管，然後流向柴油箱。

器材與場所準備

器材（設備、工量具、耗材）	資料準備	教學場所
設備： (1) 噴油器試驗臺、噴油器校驗器。 (2) 孔式、軸針噴油器實物 n 個（實物與圖片比較）。 (3) 可燃柴油發動機試驗臺 2 臺，正常實訓車輛 2 臺。 工具：常用維修工具數套（根據分組決定）。 耗材：柴油 4 升、抹布、清洗汽油。 註明：根據班級人數確定設備數量，每組 4~6 人適宜。	1. 根據知識準備內容使用微課或 PPT 課件講解發動機供給系統 2. 學習任務單（實物與圖片對比） 3. 課程教學資料	1. 多媒體教室 2. 發動機實訓室 註明：在理實一體化教室最佳（帶多媒體）

任務實施

第一步：安全要求及注意事項

（1）遵守實訓場地的安全製度。
（2）愛護所有實訓場地的實訓設備。
（3）保持實訓場地的清潔。
（4）拆裝噴油器時，其他人員要注意操作者的動作。
（5）不要採用猛力拆裝螺栓、螺母。
（6）翻轉發動機時，注意觀察是否有不安全隱患。

第二步：就車檢查噴油器性能

就車檢查噴油器時，把三通管的一端接在某個高壓油管接頭上，在三通管的另兩端分別裝上良好的噴油器和被檢查噴油器。起動發動機怠速運轉，查看兩只噴油器的噴油情況。若兩只噴油器同時噴油，表明被檢噴油器工作正常。若良好噴油器先噴油，而被檢噴油器後噴油或不噴油，表明被檢噴油器調壓彈簧調得過硬（即噴油壓力過高）或內部零件卡住；若被檢噴油器先噴油，表明噴油器的噴油壓力過低。三通管檢測噴油器如圖 5-2-2 所示。

第三步：使用設備調試噴油器

噴油器的調試，應在噴油試驗器上進行。其設備式樣如圖 5-2-3 所示。

1. 噴油壓力的檢查與調試

（1）給 1——油罐裡加註柴油適量。
（2）將待檢驗的 8——噴油器安裝在調試設備上，將連接部位擰緊，然後放氣。
（3）用 5——壓油手柄往復運動，等噴油器內空氣排出後，再緩慢地按動手柄（以 60 次/分鐘為宜），觀察噴油器噴油時刻時。6——油壓表的讀數，當讀數開始下降時，即為噴油器的開啟壓力，其數值應符合技術要求。
（4）如果不符合技術要求，要調整噴油器壓力、螺釘，繼續調試直至達到技術指

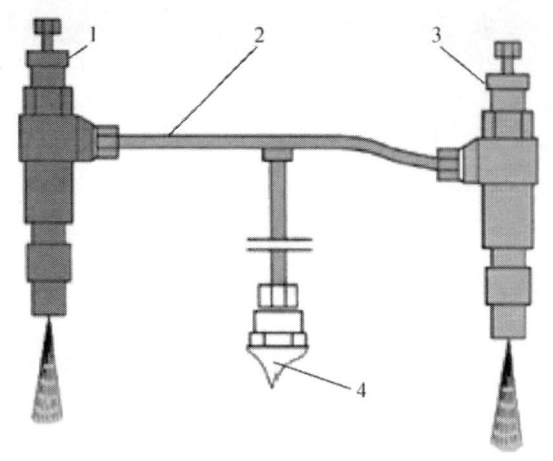

1——良好噴油器　　2——三通管
3——被檢測噴油器　4——高壓油管接頭
圖 5-2-2　三通管檢測噴油器

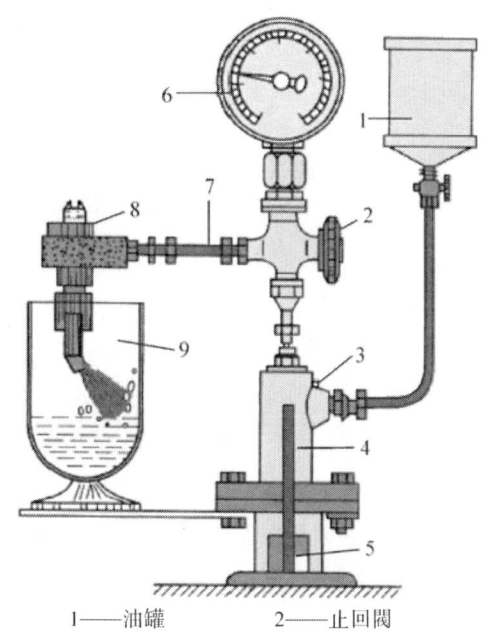

1——油罐　　　　2——止回閥
3——放氣螺釘　　4——手壓噴油泵
5——壓油手柄　　6——油壓表
7——高壓油管　　8——噴油器
9——接油杯
圖 5-2-3　噴油器試驗器

標為準，此時防止鎖緊噴油器、螺母即可。

6BT發動機噴油器最低開啓壓力為22±0.5MPa。

注意事項與技術要求：

（1）調試時，注意防止柴油外噴傷及圍觀人員或噴濺到周圍人衣服上。

（2）噴油器壓力以當車技術指標為準。

（3）一臺發動機中各噴油器的噴油壓力差異應不超過0.025MPa。

（4）採用更換墊片厚度來調整噴油壓力時，每個噴油器只能用一個墊片。

2. 密封性檢查與試驗

對噴油器密封性的檢查與試驗，主要分為以下兩個方面：

（1）導向部分（針閥與針閥體）配合嚴密性的檢查與試驗：對導向部分配合嚴密性的檢查通常採用降壓法。將噴油器裝在噴油器試驗臺上，把噴油壓力調到20.4MPa，觀察由20.4MPa下降到18.37MPa時所經歷的時間，正常為10s以上。如果時間過短，說明噴油器導向部分的配合間隙過大，回油就多；如果時間過長，說明導向部分有卡滯或拉毛現象。兩種情況下均應更換噴油器。

（2）針閥密封錐面的密封性檢查與試驗：緩慢按住噴油器試驗臺手柄，使壓力均勻升高到低於要求的噴油壓力22.4MPa以下，並在此壓力下持續10s以上。在此期間，噴孔附近不得有柴油聚集或滲漏現象，但允許有少量濕潤。當壓力增至規定的噴油壓力時，在噴油器開始噴油的瞬間，噴孔附近允許濕潤，但不應有滴油現象。如果噴孔滴油或滲油，說明針閥密封錐面密封不良，應對針閥偶件進行檢修，如仍然達不到上述要求，應更換。

3. 噴霧質量的檢查

主要檢查噴油器在規定壓力下，能否把柴油噴射為細小、均勻的霧狀油束，通常檢查內容有噴霧錐角、射程、均勻性、油滴尺寸及分布等狀況，一般都靠經驗目測噴霧形狀和傾聽噴霧響聲等。

第四步：實訓講評

（1）個人或各組實訓效果講述。

（2）詢問學生，操作手法和要領掌握沒有？

（3）詢問學生，噴油器的功用以及零部件名稱知道了嗎？

（4）詢問學生，對軸針式噴油器有沒有興趣拆裝和調試一下？

第五步：裝復噴油器

（1）安裝過程與拆解步驟相反。

（2）由學生安裝，指導教師檢查。

（3）起動發動機，觀察是否有漏油以及異響現象。

第六步：清理、清掃

（1）嚴格按照汽車「4S」店車間管理製度執行，遵守實訓車間「整理、整頓、清理、清掃、安全、素養」的6S管理。

（2）工作任務完成後，首先檢查工具，以防掉入發動機內。

（3）清理工作現場。

（4）對此次工作任務的質量進行講評。

任務拓展

軸針式噴油器

1. 軸針式噴油器概述

  軸針式噴油器的工作原理與孔式噴油器基本相同，其結構特點是針閥下端的密封錐面以下還延伸出一個軸針，其形狀可以是倒錐形或圓柱形，軸針伸出噴孔外，使噴孔成為圓環形的狹縫。這樣，噴油時噴柱將呈空心的錐形或柱狀。

  噴油器最好在每一循環的供油量中，開始噴油少，中間噴油多，後期又噴油少。軸針式噴油器有兩個可變的節流斷面，通過密封錐面及軸針處的節流斷面作用，可較好地滿足該種噴油特性要求。

2. 軸針式噴油器的優點

（1）軸針式噴油器噴孔直徑較大，一般為 1～3mm，易於加工。

（2）工作時軸針在噴孔內上下往復運動，噴孔不易積碳，而且還能自行清除積碳。

3. 軸針式噴油器特點

  軸針式噴油器孔徑大，噴油壓力低，一般為 10～13MPa，適應於對噴油要求不高的渦流式燃燒室和預燃式燃燒室。

  軸針式噴油器的調試與檢修方法與孔式噴油器基本相同，不同之處為，在噴油時易發出清脆的「唧唧」聲。

【任務考核與評價】

任務名稱_____

專業：		班級：		姓名：		指導教師：	
	序號	考核內容		配分	評分標準		得分
任務考核內容	1	正確選用工具、儀器、設備		10	工具選用不當扣 1 分/每次		
	2	檢測油壓的方法與要領及準確度		30	錯誤扣 2 分/每處		
	3	發動機供油系統的功能和組成認知		20	錯誤扣 2 分/每個		
	4	供油系統主要零部件名稱認知		20	錯誤扣 2 分/每處		
	5	說出主要零部件結構形式 n 種		10	錯誤扣 2 分/每點		
	6	安全操作、無違章		10	出現安全、違章操作，此次實訓考核記零分		
	7	分數合計		100			

表(續)

任務評價內容	評價	評價標準	評價依據 （信息、佐證）	權重	得分小計	總分	備註
	職業素質	1. 遵守維修管理規定 2. 按時完成工作任務 3. 操作規範無違章 4. 工作積極、勤奮好學	1. 工作過程記錄信息 2. 工量具的選用和使用考核信息 3. 工作場地清潔與安全信息	0.2			
	專業技能	1. 按照項目技能評定標準 2. 嚴格執行「安全作業」條例 3. 提倡文明作業，杜絕野蠻違章作業	1. 作業完成情況記錄 2. 項目完成情況記錄 3. 安全操作記錄	0.5			
	知識能力	1. 項目知識認知能力 2. 拓展知識認知能力	1. 問題處理能力記錄 2. 簡答成功率 3. 作業完成情況	0.3			

指導教師綜合評價：

指導教師簽名：　　　　　　　　　　　　　　　日期：

任務 3　供油正時的校準

任務目標
（1）認識柴油機供油正時與汽油機點火正時的區別。
（2）掌握柴油機供油正時的調整。
（3）能描述常用的供油時間調整方法。

【任務引入與解析】

在發動機解體維修或組裝發動機時，有一個重要的環節，那就是校準發動機工作正時。柴油機是壓燃式發動機，不光要校準曲軸與凸輪軸的配氣正時，還要校準高壓油泵的供油正時。供油正時或供油提前角不準，直接影響到發動機的經濟性能和動力性能，嚴重時發動機甚至不能工作（不著車）。對維修技術人員來說，發動機裝配和調試以及發動機工作正時的校準是他們的基本功。

本任務是常見的裝配與調試工作之一，通過實施該任務，可使學生學會供油正時校準的基本方法，掌握校準各種供油正時的類型及特點，懂得供油正時調整中主要零

部件的結構形式以及功用，為後續發動機總成維修打下良好的基礎。

【任務準備與實施】

知識準備

供油正時的校對

將高壓油泵安裝到發動機上時，必須校對供油正時，否則，發動機起動不著車。發動機運行了一段時間後，也應檢查並校對供油提前角，這一程序稱為供油正時的校準。供油正時的校準一般是通過校準高壓油泵（噴油泵）的供油提前角來實現的。

1. 噴油正時標記

為了便於調整供油提前角，設計時，在發動機和高壓油泵上都刻有供油正時標記。其主要有以下三個刻度標記：

（1）高壓油泵的第一分泵開始供油標記。

（2）發動機飛輪殼與飛輪上的噴油提前角標記。

（3）曲軸與高壓油泵正時齒輪的嚙合標記。

2. 噴油正時校準的方法

將高壓油泵安裝到發動機上，應按下列程序和方法校準噴油正時：

（1）檢查發動機正時齒輪的嚙合記號是否對準。

（2）按曲軸旋轉方向搖動曲軸，使第一缸活塞處於壓縮上止點前規定的噴油開始位置，即飛輪上或帶輪（或在其他位置處）的噴油正時記號應對正。

（3）轉動高壓油泵凸輪軸，使凸輪軸接盤上的記號與泵殼體上的記號對正，此時為第一缸供油開始。

（4）安裝聯軸節，同時使聯軸節上的記號對準（或校正後與重新做出的刻線記號對齊），這樣就可以保證發動機的噴油提前角符合要求。

最後進行動態試驗，起動發動機並著車，觀察發動機運行狀況。如噴油提前角未能達到理想的數值和要求，可在停機後對聯軸節或高壓油泵進行調整再試，直至調試到符合技術要求為止。

器材與場所準備

器材（設備、工量具、耗材）	資料準備	教學場所
設備：可燃柴油發動機試驗臺2臺，正常實訓車輛2臺。 工具：常用維修工具數套（根據分組決定）。 耗材：柴油4升、抹布、清洗汽油。 註：根據班級人數確定設備數量，每組4~6人適宜。	1. 根據知識準備內容使用微課或PPT課件講解發動機供給系統。 2. 學習任務單（實物與圖片對比） 3. 課程教學資料	1. 多媒體教室 2. 發動機實訓室 註：在理實一體化教室最佳（帶多媒體）

任務實施

第一步：安全要求及注意事項

（1）遵守實訓場地的安全製度。
（2）觀看者與操作者間距保持在 1.5 米，預防擁擠和誤傷。
（3）保持實訓場地的清潔，切勿大聲喧嘩。
（4）校準供油正時時，其他人員要注意操作者的動作。
（5）不要採用猛力拆裝螺栓、螺母。

第二步：樣機上講解供油正時校準
（1）學生在樣機周圍有序排列。
（2）教師先拆解影響觀看供油正時位置的零部件，將要講解的位置暴露出來。
（3）講解：

①什麼是供油正時？

供油正時是指噴油泵正確的供油時間，一般用供油提前角表示。供油提前角是指從高壓油泵第一缸柱塞開始供油時，從該缸活塞所處的位置上行到該缸壓縮行程結束上止點這段時間內曲軸所要轉過的角度。

② 注意觀看樣機上的三個正時標記位置。

第三步：供油正時檢驗與校準

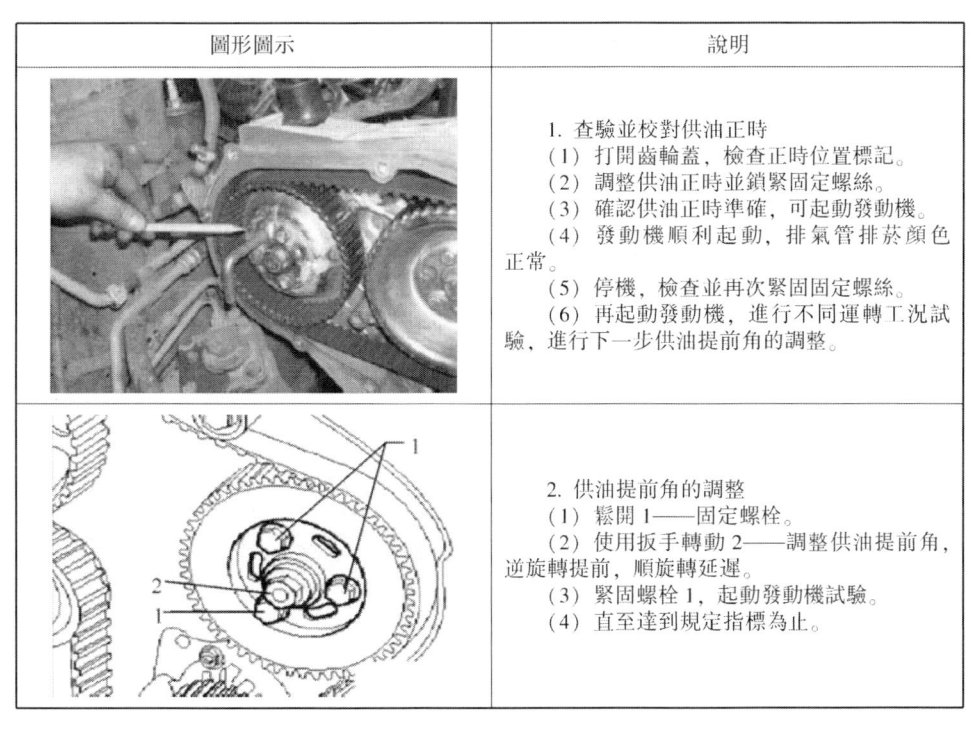

圖形圖示	說明
	1. 查驗並校對供油正時 （1）打開齒輪蓋，檢查正時位置標記。 （2）調整供油正時並鎖緊固定螺絲。 （3）確認供油正時準確，可起動發動機。 （4）發動機順利起動，排氣管排煙顏色正常。 （5）停機，檢查並再次緊固固定螺絲。 （6）再起動發動機，進行不同運轉工況試驗，進行下一步供油提前角的調整。
	2. 供油提前角的調整 （1）鬆開 1——固定螺栓。 （2）使用扳手轉動 2——調整供油提前角，逆旋轉提前，順旋轉延遲。 （3）緊固螺栓 1，起動發動機試驗。 （4）直至達到規定指標為止。

第四步：實訓講評主要內容
（1）個人或各組實訓效果。
（2）操作手法和要領。
（3）調整中各零部件名稱和功用。
（4）下次工作中要注意的事項。

第五步：裝復拆裝的零部件

（1）安裝過程與拆解步驟相反。
（2）由學生安裝，指導教師檢查並指導。
（3）起動發動機，觀察是否有異響等現象。
第六步：清理、清掃
（1）嚴格按照汽車「4S」店車間管理製度執行，遵守實訓車間「整理、整頓、清理、清掃、安全、素養」的6S管理。
（2）工作任務完成後，首先檢查工具，以防掉入發動機內。
（3）清理工作現場。
（4）對此次工作任務的質量進行講評。

任務拓展

一、高壓油泵（噴油泵）認知

高壓泵可分為柱塞泵和VE分配泵兩種。其功用是根據柴油機的運行工況和氣缸工作順序，以一定的規律，定壓、定時、定量地向噴油器輸送高壓燃油。

為保證柴油機穩定、可靠地運轉，供油系統還設有與噴油泵一體的調速器。調速器的功用是根據柴油機負荷的變化，自動增減噴油泵的供油量，使柴油機能夠以穩定的轉速運轉，使之不發生超速和熄火。

高壓泵總成內部零部件要求非常精密。因此，在每次高壓泵總成（附調速器）裝配後，都應在試驗臺上進行調試，各項性能必須符合規定範圍要求。

二、拆裝和檢修要求規範

在拆裝和檢修精密部件，比如高壓泵、噴油器時，應盡量使用專用工具和設備，嚴禁亂拆、亂撬。對有裝配位置要求的零部件，如供油齒桿、控製手柄和調整螺釘等，在分解前應做好記號，以防裝錯。對精密偶件，如柱塞偶件、針閥偶件、出油閥偶件等，不得互換，嚴禁碰傷其表面，裝配前還應進行密封性和滑動性試驗。

【任務考核與評價】

任務名稱_____

專業：		班級：	姓名：	指導教師：	
任務考核內容	序號	考核內容	配分	評分標準	得分
	1	正確選用工具、儀器、設備	10	工具選用不當扣1分/每次	
	2	供油正時校準方法與要領及準確度	30	錯誤扣2分/每處	
	3	供油正時標記認知	20	錯誤扣2分/每個	
	4	供油正時調整中，主要零部件名稱認知	20	錯誤扣2分/每處	
	5	說出主要零部件結構形式n種	10	錯誤扣2分/每點	
	6	安全操作、無違章	10	出現安全、違章操作，此次實訓考核記零分	
	7	分數合計	100		

項目五　柴油機燃油供給系統

表(續)

	評價	評價標準	評價依據 （信息、佐證）	權重	得分小計	總分	備註
任務評價內容	職業素質	1. 遵守維修管理規定 2. 按時完成工作任務 3. 操作規範無違章 4. 工作積極、勤奮好學	1. 工作過程記錄信息 2. 工量具的選用和使用考核信息 3. 工作場地清潔與安全信息	0.2			
	專業技能	1. 按照項目技能評定標準 2. 嚴格執行「安全作業」條例 3. 提倡文明作業，杜絕野蠻違章作業	1. 作業完成情況記錄 2. 項目完成情況記錄 3. 安全操作記錄	0.5			
	知識能力	1. 項目知識認知能力 2. 拓展知識認知能力	1. 問題處理能力記錄 2. 簡答成功率 3. 作業完成情況	0.3			

指導教師綜合評價：

指導教師簽名：　　　　　　　　　　　　　　　　　　日期：

項目六 潤滑系

【項目概述】

發動機工作時,很多傳動零部件都是在很小的間隙下作高速相對運動的,如曲軸主軸頸與主軸承、曲柄銷與連杆軸承、凸輪軸頸與凸輪軸承、活塞、活塞環與氣缸壁面、配氣機構各運動副及傳動齒輪副等。既然運動部件是相對運動,那麼,零部件表面必然會產生摩擦,加劇磨損。因此,為了減輕磨損,減少摩擦阻力,延長使用壽命,發動機上必須設計有潤滑系統。

發動機潤滑系基本上相當於一個液壓傳動機構,它是由潤滑油和各傳動部件組成的,具有潤滑、冷卻、清洗、防銹、密封等作用。由於各機件磨損、機油黏稠、油量不足等,潤滑系統容易造成泄漏、機油壓力過低或過高等故障。為了排除這些故障,我們要學習潤滑系的結構組成以及潤滑油路等基礎知識。

本項目將從三個工作任務入手,讓學生通過工作任務能夠認知發動機潤滑系統的組成、功用及基本結構,掌握潤滑系統主要部件的拆檢能力。通過任務,讓學生完成各部件的基本結構認識以及各個結構類型的區別,為深入學習診斷和排除汽車發動機故障打下良好基礎。

【項目要求】

(1) 瞭解潤滑系的作用、組成、潤滑方式及結構特點。
(2) 掌握潤滑系主要零部件的構造與原理。
(3) 能進行潤滑油路分析。
(4) 能更換機油、機濾以及完成機油壓力檢測。
(5) 具有機油泵的拆解與檢驗能力。

【項目任務與課時安排】

項目		任務	教學方法	學時分配	學時總計
項目六 潤滑系	任務1	認識潤滑系與更換機油、機濾	微課+實訓	6	14
	任務2	機油壓力檢測	理實一體化	4	
	任務3	機油泵檢驗	理實一體化	4	

任務 1　認識潤滑系與更換機油、機濾

> **任務目標**
> （1）瞭解發動機潤滑系統的基本結構形式。
> （2）掌握發動機潤滑系統的基本組成和潤滑方式及潤滑路線。
> （3）熟悉發動機潤滑系統各部件的名稱和結構特點。
> （4）學會更換發動機機油和機油濾清器的方法。

【任務引入與解析】

為了保證發動機各部件正常運轉和工作，潤滑系的潤滑責無旁貸。潤滑系統一旦出現故障，比如，未給需要潤滑的部件供油或少供油，結果會導致零部件加劇磨損及發動機零部件損壞直至停止工作。儘管這些零件的工作表面都經過精細地加工，但放大來看這些表面卻是凹凸不平的。若不對這些表面進行潤滑，它們之間將發生強烈的摩擦。金屬表面之間的干摩擦不僅增加發動機的功率消耗，加速零件工作表面的磨損，而且還可能由於摩擦產生的熱將零件工作表面燒損，致使發動機無法運轉。

為了排除這些事故的發生，就要學習潤滑系的潤滑油路佈局和系統的結構組成及功用。本任務主要是通過微課或動漫的解讀，讓學生學習和認識潤滑系的結構，最終實現對潤滑系的維護和維修，為後續課程的學習打下良好的基礎。

【任務準備與實施】

知識準備

一、潤滑系的作用、組成和潤滑方式的認識

潤滑系統的功用就是在發動機工作時連續不斷地把足量、溫度適當的潔淨機油輸送到全部傳動件的摩擦表面，並在摩擦表面之間形成油膜，實現液體摩擦，從而減小摩擦阻力，降低功率消耗，減輕機件磨損，以達到提高發動機工作可靠性和耐久性的目的。

（一）潤滑油七大作用

（1）潤滑：活塞和氣缸之間、主軸和軸瓦之間均存在著快速的相對滑動，要防止零件過快地磨損，則需要在兩個滑動表面間建立油膜。用足夠厚度的油膜將相對滑動的零件表面隔開，從而達到減少磨損的目的。

（2）冷卻降溫：機油能夠將熱量帶回機油箱，再散發至空氣中，幫助水箱冷卻發動機。

（3）清洗清潔：好的機油能夠將發動機零件上的碳化物、油泥、磨損金屬顆粒通過循環帶回機油箱。通過潤滑油的流動，沖洗零件工作面上產生的臟物。

（4）密封防漏：機油可以在活塞環與活塞之間形成一個密封圈，減少氣體的泄漏和防止外界的污染物進入。

（5）防鏽防蝕：潤滑油能吸附在零件表面，防止水、空氣、酸性物質及有害氣體

與零件的接觸。

（6）減震緩衝：當發動機氣缸口壓力急遽上升，活塞、活塞屑、連杆和曲軸軸承上的負荷會很大，這個負荷經過軸承的傳遞潤滑，使承受的衝擊負荷起到緩衝的作用。

（7）抗磨：擦面加入潤滑劑，能使磨擦系數降低，從而減少磨擦阻力、節約能源消耗，減少磨損。潤滑劑在磨擦面上可以減少磨粒磨損、表面疲勞、粘著磨損等所造成的摩損。

（二）潤滑系的組成

潤滑系主要由油泵、油底殼、各種閥（限壓閥和旁通閥）、機油濾清器等零件組成（如圖6-1-1）。有的車上還裝有機油散熱器、傳感器、機油壓力表、溫度表等。

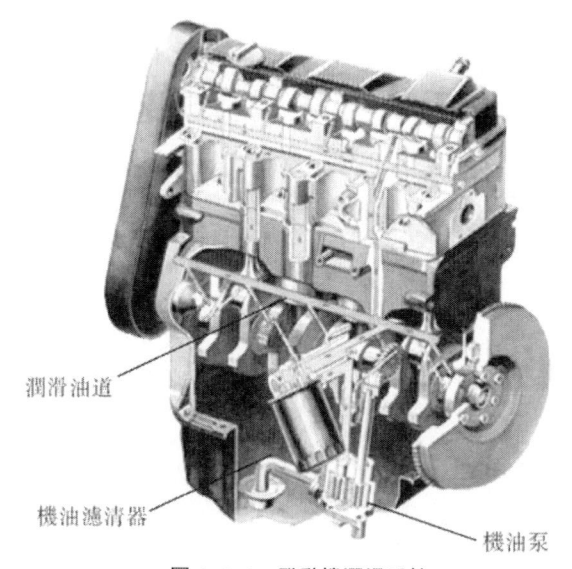

圖6-1-1 發動機潤滑系統

（1）機油泵：將潤滑油從油底殼中抽出加壓後，送到各零件表面進行潤滑，維持潤滑油在潤滑系中的循環。機油泵大多安裝在油底殼內，也有些發動機將機油泵安裝在油底殼外面（比如，安裝在曲軸前端）。

（2）機油濾清器：用來過濾潤滑油中的雜質、磨屑、油泥和水分等，使送到各潤滑部位的潤滑油都是清潔的。潤滑系的濾清器按照過濾能力分為機油集濾器、機油粗濾器和機油細濾器三種，並分別設置於潤滑系的不同部位。

（3）限壓閥和旁通閥：限壓閥用來限制機油泵輸出的潤滑油壓力。旁通閥在粗濾器發生堵塞時打開，使機油泵輸出的潤滑油可直接進入主油道。

（三）潤滑方式

由於發動機傳動件的工作條件不盡相同，因此，對負荷及相對運動速度不同的傳動件採用不同的潤滑方式。

（1）壓力潤滑：壓力潤滑是以一定的壓力把機油供入摩擦表面的潤滑方式。這種方式主要用於主軸承、連杆軸承及凸輪軸承等負荷較大的摩擦表面的潤滑。

（2）飛濺潤滑：利用發動機工作時運動件濺潑起來的油滴或油霧潤滑摩擦表面的潤滑方式，稱為飛濺潤滑。該方式主要用來潤滑負荷較輕的氣缸壁面和配氣機構的凸

輪、挺柱、氣門杆以及搖臂等零件的工作表面。

（3）潤滑脂潤滑：通過潤滑脂嘴定期加註潤滑脂來潤滑零件的工作表面，如水泵及發電機軸承等。

二、機油的基礎知識及品牌認知

機油，即發動機潤滑油，被譽為汽車的「血液」，能對發動機起到潤滑、清潔、冷卻、密封、減磨等作用。發動機是汽車的心臟，發動機內有許多相互摩擦運動的金屬表面，這些部件運動速度快、環境差，工作溫度可達 400°C 至 600°C。在這樣惡劣的工況下面，只有合格的潤滑油才可降低發動機零件的磨損，延長發動機的使用壽命。市場上的機油因其基礎油不同可簡分為礦物油及合成油兩種（植物油因產量稀少故不計）。合成油中又分為全合成及半合成。全合成機油是最高等級的機油。

機油由基礎油和添加劑兩部分組成。基礎油是潤滑油的主要成分，決定著潤滑油的基本性質，添加劑則可彌補和改善基礎油性能方面的不足，賦予某些新的性能，是潤滑油的重要組成部分。

（一）潤滑油基礎油

潤滑油基礎油主要分為礦物基礎油及合成基礎油兩大類。礦物基礎油應用廣泛，用量很大（約 95% 以上），但有些應用場合則必須使用合成基礎油調配的產品，因而使合成基礎油也得到迅速發展。1995 年中國修訂了現行的潤滑油基礎油標準，具體分類如下：

1. 按照粘度指數分類（如表 6-1-1 所示）

表 6-1-1

類別	黏度指數 VI
超高黏度指數（UHVI）	VI≥140
很高黏度指數（VHVI）	120≤VI<140
高黏度指數（HVI）	90≤VI<120
中黏度指數（MVI）	40≤VI<90
低黏度指數（LVI）	VI<40

2. 按使用範圍，把基礎油分為通用基礎油和專用基礎油（如表 6-1-2 所示）

表 6-1-2

通用基礎油	專用基礎油	
	低凝基礎油	深度精製基礎油
	適用於多級發動機油、低溫液壓油和液力傳動液等產品的低凝基礎油	適用於汽輪機油、極壓工業齒輪油等產品
UHVI、VHVI、HVI、MVI、LVI	UHVIW、VHVIW、HVIW、MVIW（代號後加 W）	UHVIS、VHVIS、HVIS、MVIS（代號後加 S）

（二）潤滑油添加劑

添加劑是近代高級潤滑油的精髓。正確選用添加劑並合理加入，可改善潤滑油的

物理、化學性質，給潤滑油賦予新的特殊性能，或加強其原來具有的某種性能，滿足更高的要求。根據潤滑油要求的質量和性能，對添加劑精心選擇，仔細平衡，進行合理調配，是保證潤滑油質量的關鍵。

添加劑的主要種類有：清淨劑、分散劑、抗氧抗腐劑、極壓抗磨劑、油性劑、摩擦改進劑、粘度指數改進劑、防銹劑、降凝劑、抗泡劑、抗乳化劑、乳化劑等。

當下主要機油品牌有（如圖6-1-2）：

殼牌　　　　　　美孚　　　　　　道達爾

圖6-1-2　主要機油品牌

器材與場所準備

器材（設備、工量具、耗材）	資料準備	教學場所
設備： （1）投影儀。 （2）發動機實物 n 個（實物與圖片比較）。 （3）正常實訓車輛2臺。 工具：常用維修工具數套（根據分組決定）。 耗材：機油2桶、機油濾清器2個、汽油4升、抹布、清洗汽油。 註：根據班級人數確定設備數量，每組4~6人適宜。	1. 根據知識準備內容使用微課或PPT課件講解發動機供給系統 2. 學習任務單（實物與圖片對比） 3. 課程教學資料	1. 多媒體教室 2. 發動機實訓室 註：在理實一體化教室最佳（帶多媒體）

任務實施

更換發動機機油、機濾

第一步：安全要求及注意事項
（1）遵守實訓場地的安全製度。
（2）規範操作舉升機。
（3）保持實訓場地的清潔。
（4）更換時，其他人員要注意操作者的動作。
（5）不要將機油噴濺到他人和自己身上。

項目六　潤滑系

第二步：更換發動機機油、機濾

在發動機維護過程中，按生產廠家的規定要求，要對潤滑油定期進行更換。在使用過程中，如果發現潤滑油質量變差，即使沒到規定的里程也應及時進行更換。

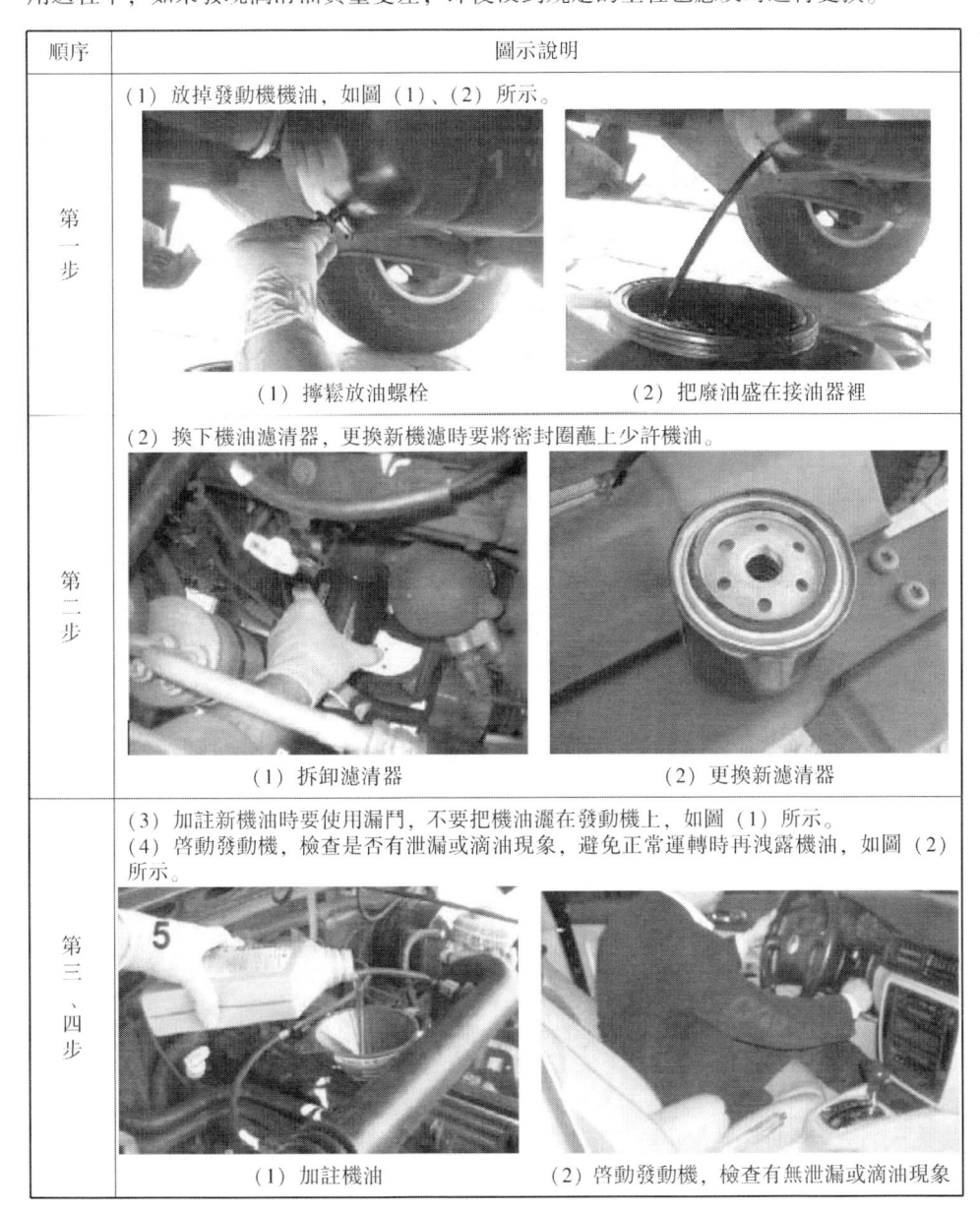

順序	圖示說明
第一步	（1）放掉發動機機油，如圖（1）、（2）所示。 （1）擰鬆放油螺栓　　　　（2）把廢油盛在接油器裡
第二步	（2）換下機油濾清器，更換新機濾時要將密封圈蘸上少許機油。 （1）拆卸濾清器　　　　（2）更換新濾清器
第三、四步	（3）加註新機油時要使用漏鬥，不要把機油灑在發動機上，如圖（1）所示。 （4）啓動發動機，檢查是否有泄漏或滴油現象，避免正常運轉時再洩露機油，如圖（2）所示。 （1）加註機油　　　　（2）啓動發動機，檢查有無泄漏或滴油現象

第三步：實訓講評主要內容
（1）個人或各組實訓效果。
（2）操作手法和要領。
（3）調整中的零部件名稱和功用。
（4）下次工作中要注意的事項。

第四步：清理、清掃

（1）嚴格按照汽車「4S」店車間管理製度執行，遵守實訓車間「整理、整頓、清理、清掃、安全、素養」的 6S 管理。

（2）工作任務完成後，首先檢查工具，以防掉入發動機內。

（3）清理工作現場。

（4）對此次工作任務的質量進行講評。

【任務考核與評價】

任務名稱＿＿＿＿＿＿＿＿＿＿＿

專業：　　　班級：　　　姓名：　　　指導教師：

	序號	考核內容	配分	評分標準	得分
任務考核內容	1	正確選用工具、儀器、設備	10	工具選用不當扣 1 分/每次	
	2	更換機油、機濾方法與要領及準確度	30	錯誤扣 2 分/每處	
	3	發動機潤滑系統的組成認知	20	錯誤扣 2 分/每個	
	4	潤滑系主要零部件名稱認知	20	錯誤扣 2 分/每處	
	5	說出主要潤滑系統零部件結構形式 n 種	10	錯誤扣 2 分/每點	
	6	安全操作、無違章	10	出現安全、違章操作，此次實訓考核記零分	
	7	分數合計	100		

	評價	評價標準	評價依據（信息、佐證）	權重	得分小計	總分	備註
任務評價內容	職業素質	1. 遵守維修管理規定 2. 按時完成工作任務 3. 操作規範無違章 工作積極、勤奮好學	1. 工作過程記錄信息 2. 工量具的選用和使用考核信息 3. 工作場地清潔與安全信息	0.2			
	專業技能	1. 按照項目技能評定標準 2. 嚴格執行「安全作業」條例 3. 提倡文明作業，杜絕野蠻違章作業	1. 作業完成情況記錄 2. 項目完成情況記錄 3. 安全操作記錄	0.5			
	知識能力	1. 項目知識認知能力 2. 拓展知識認知能力	1. 問題處理能力記錄 2. 簡答成功率 3. 作業完成情況	0.3			

表(續)

指導教師綜合評價：
指導教師簽名：　　　　　　　　　　　　　　　　　　　　日期：

任務 2　機油壓力檢測

任務目標
（1）瞭解潤滑油路的方位並掌握其結構特點。
（2）能安裝機油壓力檢測儀並會檢測油壓。
（3）熟悉潤滑系統主要部件的功能和結構形式。

【任務引入與解析】

一輛桑塔納 2000 型轎車發動機在工作過程中，機油壓力報警燈閃爍，同時警報蜂鳴器發出警聲，這是什麼原因？

從以上現象可以判定，故障為潤滑系機油壓力過低導致報警。造成此故障的原因可能為：油壓傳感器效能不佳、油量不足、潤滑油過稀、濾清器堵塞、曲軸和連杆軸承間隙過大等。經詢問駕駛員得知：此車已運行 20 萬千米了，時常出現報警閃爍，特別是在長時間運行中，最容易出現以上現象。由此可知，首先要對發動機潤滑系統的油壓進行檢測。

本任務是常見檢測與維修工作之一，通過任務實施，能使學生學會油壓檢測的方法和步驟，掌握油路的結構特點和方位，懂得潤滑系統主要零部件的結構形式以及功用。

【任務準備與實施】

知識準備

一、先查找本機相關資料

上海桑塔納轎車 JV 型發動機潤滑系統採用的是齒輪式機油泵和單級、整體、全流式機油濾清器，機油泵由中間軸驅動，潤滑系統內設有高、低兩個機油壓力報警開關（即機油壓力傳感器）。

低壓報警開關安裝在氣缸蓋後端，高壓報警開關安裝在機油濾清器支座上。打開點火開關後，儀表盤上的機油壓力報警燈即開始閃爍；啟動發動機後，若機油壓力高

於30KPa，低壓報警開關觸點斷開，機油壓力報警燈自動熄滅。發動機工作運轉較低時，若機油壓力低於30KPa，低於報警開關觸點閉合，機油壓力報警燈閃爍；當發動機轉速超過2,150r/min，若機油壓力低於180KPa，高壓報警開關觸點斷開，機油壓力報警燈閃爍，同時報警蜂鳴器報警。機油壓力報警燈閃爍或報警蜂鳴器報警時，說明機油壓力低於標準，潤滑系統有故障，此時應停機檢查。

潤滑油溫度為80℃時，正常的機油壓力為：轉速為800r/min時，機油壓力不低於30KPa；轉速在2,000r/min時，機油壓力應不低於200KPa。

二、涉及本工作任務的油路佈局及零部件認知

1. 限壓閥

限壓閥是用來限制潤滑系統的機油壓力不超過技術文件的規定值，以防損壞密封件。它主要由平衡彈簧和球閥（或錐閥）等組成。其工作原理是：限壓閥是靠平衡彈簧和球閥（或錐閥）來限制機油壓力的，使機油壓力不超過技術文件的規定值。機油壓力超過規定值時，便克服彈簧的彈力將閥門推開使系統內洩壓，機油壓力低於彈簧彈力時，閥門在彈簧的作用下又關閉。

2. 機油泵吸油管

它通常帶有收集器，浸在機油中。作用是避免油中大顆粒雜質進入潤滑系統。

3. 曲軸箱通風裝置

它的作用是防止一部分可燃混合氣和廢氣經活塞環與氣缸壁間的間隙竄入曲軸箱內。可燃混合氣進入曲軸箱後，其中的汽油蒸汽會凝結，並溶入潤滑油中，使潤滑油變稀；廢氣中水蒸氣與酸性氣體結合會形成酸性物質，從而對機件造成腐蝕；竄氣還會使曲輪箱燈壓力增大，造成曲軸箱密封件失效而使潤滑油透漏。為了防止這種現象，必須設置通風系統。

4. 機油濾清器

簡單地說，機油濾清器主要由濾紙與殼體兩大部分組成（如圖6-2-1所示）。

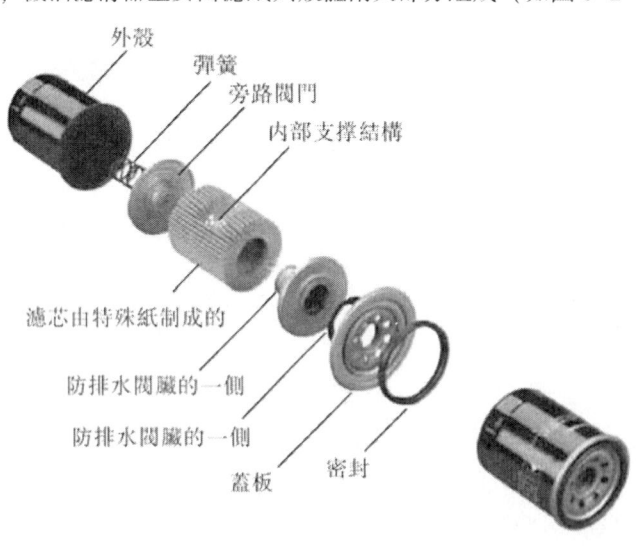

圖6-2-1 機油濾清器

機油濾清器的作用是濾去機油本身和摻入的機械雜質以及機油本身生成的膠質，以防止機械雜質隨機油流到摩擦表面形成磨料磨損或堵塞管道。

5. 散熱器

散熱器是用來散去機油吸收的溫度，使之保持在 70°~90℃，並使機油粘度不至於發生多大變化，確保機件正常潤滑。

機油散熱器是根據發動機的額定功率大小和工作特點來設置的。功率大的柴油機設風冷式機油冷卻器或水冷式機油冷卻器，功率小的柴油發動機多是依靠機油底散熱。

6. 油路布置

油路示意圖如下圖所示（如圖 6-2-2）。

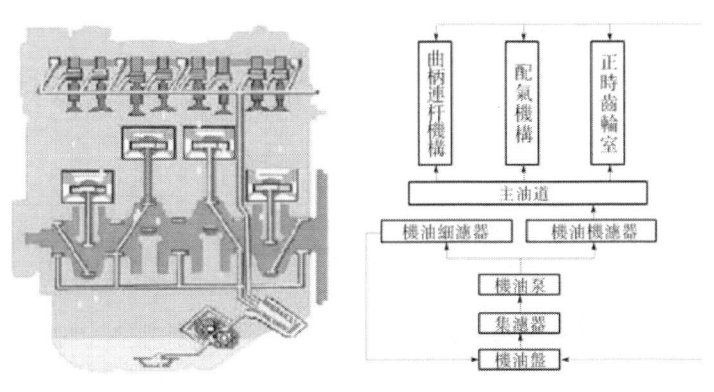

圖 6-2-2　潤滑油油路示意圖

器材與場所準備

器材（設備、工量具、耗材）	資料準備	教學場所
設備：可燃發動機試驗臺 2 臺，正常實訓車輛 2 臺。 工具：（1）機油壓力檢測儀。 　　　（2）常用維修工具數套（根據分組決定）。 耗材：柴油 4 升、抹布、清洗汽油。 註：根據班級人數確定設備數量，每組 4~6 人適宜。	1. 根據知識準備內容使用微課或 PPT 課件講解發動機供給系統 2. 學習任務單（實物與圖片對比） 3. 課程教學資料	1. 多媒體教室 2. 發動機實訓室 註：在理實一體化教室最佳（帶多媒體）

任務實施

第一步：安全要求及注意事項

（1）遵守實訓場地的安全製度。

（2）規範使用舉升機。

（3）保持實訓場地的清潔。

（4）檢測時，其他人員要注意操作者的動作。

（5）安裝機油壓力檢測儀時，注意發動機溫度以防燙傷。

第二步：壓力檢測

機油壓力是反應發動機潤滑系統技術狀況的重要指標，保證發動機正常的機油壓力是潤滑系統發揮性能的先決條件。

圖形圖示	檢測內容與說明
  （1）機油壓力指示燈（紅色）　（2）機油壓力傳感器	1. 機油壓力指示標示和部件的認識 　　（1）發動機機油指示燈安裝在駕駛室儀表盤裡（有的是壓力表指示），如圖（1）所示。 　　（2）將機油壓力傳感器安裝在發動機機油主油道上，式樣如圖（2）所示。
 在車上安裝機油壓力檢測儀位置	2. 安裝位置 　　機油壓力傳感器一定是安裝在能夠反應發動機真實壓力的機油主油道上。通常是把傳感器拆卸下來，更換成機油壓力檢測表。安裝機油壓力檢測表時，注意發動機溫度和系統內的油壓，以防噴濺機油和燙傷。
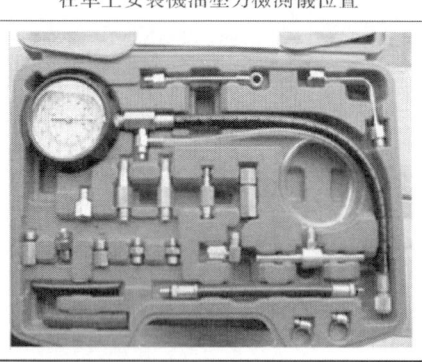	3. 安裝機油壓力檢測儀 機油壓力檢測設備（套裝）如左圖所示。

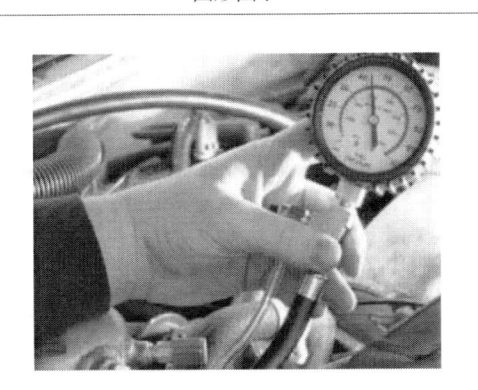

圖形圖示	檢測內容與說明
	4. 開始檢測 　　發動機要達到正常工作溫度才可以檢測。檢測時，注意觀察機油壓力表數據的變化。分別在不同工況下，起動發動機，在不同轉速下運轉： 　　（1）怠速時，機油壓力數據。 　　（2）中速時，機油壓力數據。 　　（3）瞬間高速時，機油壓力數據。 　　檢測結束將數據記錄到工單上，以備查驗，同時，車輛應恢復原樣。

第三步：實訓講評

（1）個人或各組實訓效果講述。
（2）操作手法和要領講評。
（3）對實訓中出現的問題進行講評。
（4）對實訓設備（車輛）檢查、評價。

第四步：清理、清掃

（1）嚴格按照汽車「4S」店車間管理製度執行，遵守實訓車間「整理、整頓、清理、清掃、安全、素養」的6S管理。
（2）工作任務完成後，首先檢查工具，以防掉入發動機內。
（3）清理工作現場。
（4）對此次工作任務的質量進行講評。

任務拓展

分析潤滑系統機油壓力故障，並將故障分析填入表6-2-1中。

表 6-2-1　　　　　　　　　　機油壓力的故障分析

故障現象	故障分析
機油壓力過低	
機油壓力過高	
怠速時，機油壓力低； 中、高速時，機油壓力正常	
怠速時，機油壓力正常； 中、高速時，機油壓力低	

【任務考核與評價】

任務名稱＿＿＿＿＿＿＿＿＿＿＿＿＿

專業：		班級：		姓名：	指導教師：		
任務考核內容	序號	考核內容		配分	評分標準		得分
	1	正確選用工具、儀器、設備		10	工具選用不當扣1分/每次		
	2	檢測油壓的方法與要領及準確度		30	錯誤扣2分/每處		
	3	發動機供油系統的功能和組成認知		20	錯誤扣2分/每個		
	4	供油系統主要零部件名稱認知		20	錯誤扣2分/每處		
	5	說出主要零部件結構形式n種		10	錯誤扣2分/每點		
	6	安全操作、無違章		10	出現安全、違章操作，此次實訓考核記零分		
	7	分數合計		100			
任務評價內容	評價	評價標準	評價依據（信息、佐證）		權重	得分小計	總分 備註
	職業素質	1. 遵守維修管理規定 2. 按時完成工作任務 3. 操作規範無違章 4. 工作積極、勤奮好學	1. 工作過程記錄信息 2. 工量具的選用和使用考核信息 3. 工作場地清潔與安全信息		0.2		
	專業技能	1. 按照項目技能評定標準 2. 嚴格執行「安全作業」條例 3. 提倡文明作業，杜絕野蠻違章作業	1. 作業完成情況記錄 2. 項目完成情況記錄 3. 安全操作記錄		0.5		
	知識能力	1. 項目知識認知能力 2. 拓展知識認知能力	1. 問題處理能力記錄 2. 簡答成功率 3. 作業完成情況		0.3		

指導教師綜合評價：

指導教師簽名： 日期：

任務 3　機油泵檢驗

任務目標
（1）能認識多種結構形式的機油泵。
（2）掌握機油泵性能的檢測方法。
（3）能描述潤滑系統的工作過程。

【任務引入與解析】

　　機油泵是潤滑系統的心臟，油泵停止了工作，整個潤滑系統潤滑液的循環將終止。在汽車發動機上常見的機油泵主要結構形式有齒輪式和轉子式兩種。它們雖說結構形式不同，但是工作原理是相同的，都是經過「工作腔由小變大產生吸力（負壓），將潤滑油吸入；工作腔又由大變小產生壓力（正壓），將潤滑油壓出形成壓力油並輸送到各個需要潤滑的部件」。

　　本任務是常見的檢測與調試工作之一，通過任務實施，使學生理解油泵的工作原理，學會檢測油泵性能的基本方法，掌握油泵的類型及特點，為後續故障診斷與排除，從理論上和能力上都打下良好的基礎。

【任務準備與實施】

知識準備

齒輪式機油泵的結構如下（如圖6-3-1所示）：

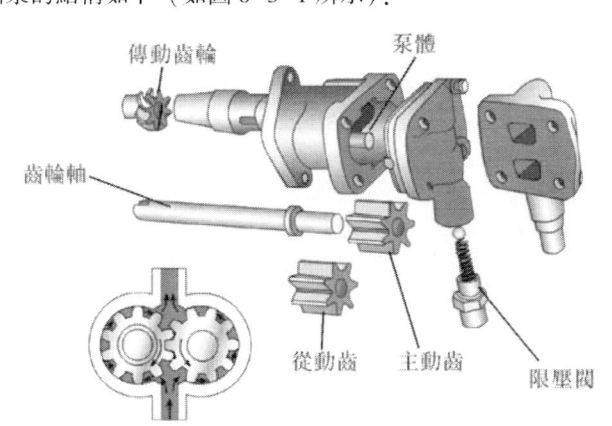

圖 6-3-1　齒輪式機油泵結構示意圖

　　機油泵在潤滑系中的作用是：吸油並提高機油壓力壓送至發動機的各摩擦表面，同時促進機油的循環流動。其泵油機理是：由於齒輪泵中一組相對運轉的齒輪進入嚙合和退出嚙合，引起吸油腔與排油腔的容積發生變化，齒輪輪齒退出嚙合時吸油腔容積增大產生吸力而吸油，齒輪輪齒進入嚙合時排油腔容積減小產生壓力而排油。至於

油泵能產生壓力，主要是因機油在潤滑系壓力形成的段面有流動阻力所引起的。由此可見，潤滑系的機油壓力高低取決於油泵末端流動阻力。如果潤滑系內油泵末端流動阻力大，機油壓力便高；反之，流動阻力小，機油壓力低。

機油泵的泵油量等於理論泵油量減去油泵洩漏量。如果油泵洩漏量增大，則有效泵油量下降，即輸出油量減少，壓力降低。

器材與場所準備

器材（設備、工量具、耗材）	資料準備	教學場所
設備：齒輪泵 n 個。 工具：塞尺 6 把、常用維修工具數套（根據分組決定）。 耗材：抹布、清洗汽油。 註：根據班級人數確定設備數量，每組 4~6 人適宜。	1. 學習任務單（實物與圖片對比） 2. 課程教學資料	1. 多媒體教室 2. 發動機實訓室 註：在理實一體化教室最佳（帶多媒體）

任務實施

第一步：安全要求及注意事項

（1）遵守實訓場地的安全製度。
（2）觀看者與操作者間距保持在 1.5 米，預防擁擠和誤傷。
（3）保持實訓場地的清潔，切勿大聲喧嘩。
（4）示範演示時，其他人員要注意操作者的動作。
（5）不要採用猛力拆裝螺栓、螺母。

第二步：齒輪式機油泵的檢修（教師示範）

齒輪式機油泵在使用中，主動齒輪與從動齒輪、軸與軸孔、齒輪頂與泵殼、齒輪端面與泵蓋均會產生磨損，造成機油泵供油量減少和供油壓力降低等後果。

1. 檢查齒輪與泵殼徑向間隙

如圖 6-3-2 所示，拆下泵蓋，在齒輪上選一個與嚙合齒相對的輪齒，用塞尺測量齒頂與泵殼間的間隙。然後轉動齒輪，用相同的方法測量其他輪齒與泵殼間的間隙，若徑向間隙超過允許極限值，則應更換機油泵總成。

2. 檢查齒輪與泵蓋軸向間隙

如圖 6-3-3 所示，拆下泵蓋後，在泵體上沿兩齒輪中心連線方向上放一直尺，然後用塞尺測量齒輪端面與直尺之間的間隙，若間隙超過允許極限值，則應更換機油泵總成。

3. 檢查齒輪嚙合間隙

如圖 6-3-4 所示，拆下泵蓋，用塞尺測量主動齒輪與從動齒輪嚙合一側的齒側間隙，若超過允許值範圍內，則應更換機油泵總成。

4. 檢查主動軸與軸孔配合間隙

分別測量機油泵主動軸直徑、泵體上主動軸孔徑，並計算其配合間隙。若配合間隙超過允許極限值，則應進行修復或更換新件。

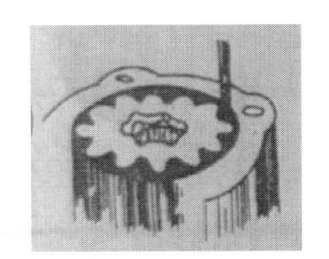

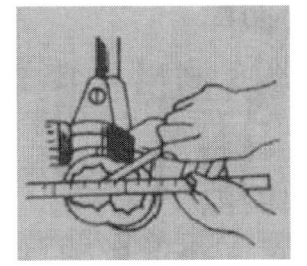

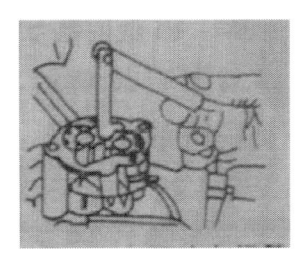

图 6-3-2　齿轮与泵壳径向间隙　　图 6-3-3　齿轮与泵盖轴向间隙　　图 6-3-4　齿轮啮合间隙

5. 检查从动轴与衬套孔配合间隙

分别测量机油泵从动轴直径及其衬套孔径，并计算其配合间隙，若配合间隙超过允许极限值，则应更换衬套。

6. 检查机油泵限压阀

限压阀常见故障是卡滞而导致机油压力过高或过低。检查时，拆下限压阀，清洗阀孔和阀体，将限压阀钢球（或柱塞）装入阀孔，移动时应灵活，无卡滞现象。若在试验台上检查限压阀的开启压力，应符合技术标准。

第三步：普通桑塔纳机油泵拆装与调试（学生实训）

一、润滑系油路的分析（普桑）

1. 采用传统的飞溅和压力润滑相结合的方式

油底壳→机油集滤器→机油泵（限压阀）→机油滤清器（旁通阀）→

$\begin{cases} →中间轴后轴承 \\ →止回阀→缸盖油道→液压挺杆、凸轮轴轴承 \\ →主油道→曲轴主轴承→连杆轴承→中间轴后轴承 \end{cases}$

2. 压力报警开关

机油高压不足传感器装在机油滤清器座上，机油低压不足传感器装在气缸盖油道的后端。

二、机油泵的拆装与调整（普桑）

1. 机油泵的拆卸

①旋松分电器轴向限位卡板的紧固螺栓，拆去卡板，拔出分电器总成。

②旋松并拆卸两只将机油泵盖、机油泵体紧固到机体上去的长紧固螺栓，将机油吸油部件一起拆下。

③拧松并拆下吸油管组紧固螺栓，拆下吸油管组，检查并清洗滤网。

④旋松并拆下机油泵盖短紧固螺栓，取下机油泵组件，检查泵盖上的限压阀。

⑤分解主、被动齿轮，再分解齿轮和轴，垫片更换新件。

2. 检验与装配

① 检查主、被动齿轮的磨损情况，必要时更换，最好成对更换。

② 机油泵盖与齿轮端面间隙标准为 0.05mm，使用极限为 0.15mm。检查时，将钢尺直边紧靠在带齿轮的泵体端面上，将塞尺插入两者之间的缝隙进行测量。若不符，则可以通过增减泵盖与泵体之间的垫片来进行调整。

③ 主、被动齿轮与泵腔内壁间隙超过 0.3mm 时应换成新件。

④ 主、被动齿轮的啮合间隙：用塞尺插入啮合齿间，测量 120 度三点齿侧，标准

為 0.05mm，使用極限為 0.20mm。

⑤ 所有零件清洗乾淨，按分解的逆順序進行裝配。

第四步：實訓講評主要內容

（1）個人或各組實訓效果。

（2）操作手法和要領。

（3）調整中零部件名稱和功用。

（4）下次工作中要注意的事項。

第五步：裝復拆裝的零部件

（1）安裝過程與拆解步驟相反。

（2）由學生安裝，指導教師檢查並指導。

第六步：清理、清掃

（1）嚴格按照汽車「4S」店車間管理製度執行，遵守實訓車間「整理、整頓、清理、清掃、安全、素養」的6S管理。

（2）工作任務完成後，首先檢查工具，以防掉入發動機內。

（3）清理工作現場。

（4）對此次工作任務的質量進行講評。

任務拓展

轉子式機油泵檢測（豐田5A發動機）

機油泵是潤滑系的主要部件，它的性能直接影響系統內的機油壓力大小。機油泵良好的技術狀況是潤滑系發揮其功能的重要保證。

機油泵的主要耗損形式有殼體變形或裂紋、泵軸的磨損、軸承磨損、齒輪（轉子）的磨損、閥門的損傷等。

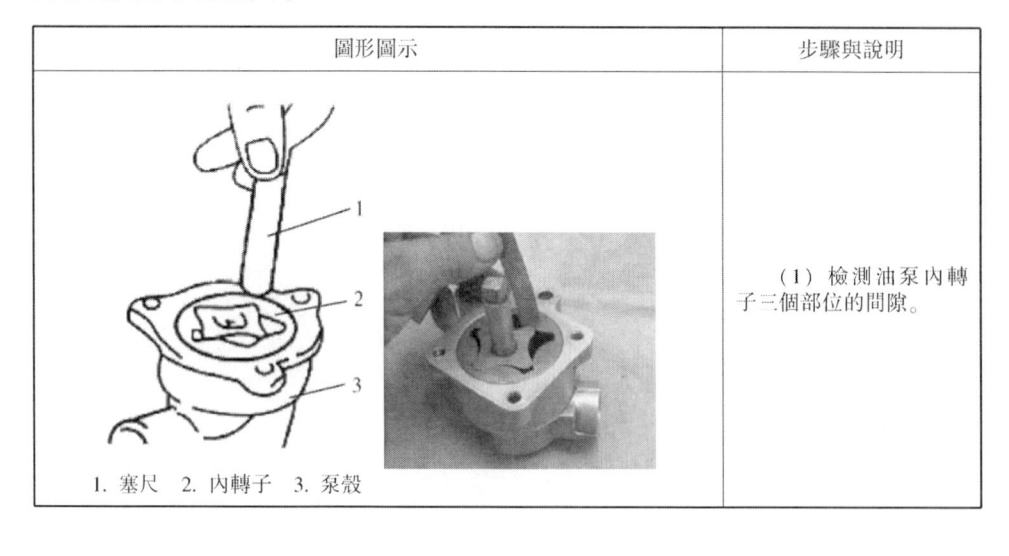

圖形圖示	步驟與說明
1. 塞尺　2. 內轉子　3. 泵殼	（1）檢測油泵內轉子三個部位的間隙。

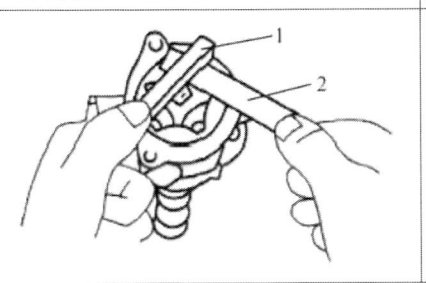

表(續)

圖形圖示	步驟與說明
	（2）檢測機油泵外轉子兩個部位的間隙。 （3）將檢測的數據與技術要求對比，判斷是否符合技術標準。

主要技術要求及注意事項
(1) 機油泵齒輪的側隙為 0.05mm。
(2) 機油泵齒輪與泵體的端隙為 0.05~0.1mm。
(3) 機油泵主動軸與泵體孔的徑向間隙為 0.03~0.075mm。
(4) 正確操作，注意人身及機件安全。
(5) 注意拆裝順序，保持場地整潔及零部件、工量具清潔。
(6) 機油泵蓋固定螺栓，擰緊力矩為 10N·m。
(7) 機油泵固定螺栓，擰緊力矩為 20N·m。

【任務考核與評價】

任務名稱＿＿＿＿＿＿＿＿＿＿

專業：		班級：	姓名：	指導教師：	
任務考核內容	序號	考核內容	配分	評分標準	得分
	1	正確選用工具、儀器、設備	10	工具選用不當扣1分/每次	
	2	油泵檢測的方法與要領及準確度	30	錯誤扣2分/每處	
	3	描述潤滑系統工作過程	20	錯誤扣2分/每個	
	4	機油泵主要零部件名稱認知	20	錯誤扣2分/每處	
	5	機油泵結構形式認知	10	錯誤扣2分/每點	
	6	安全操作、無違章	10	出現安全、違章操作，此次實訓考核記零分	
	7	分數合計	100		

表(續)

評價內容	評價	評價標準	評價依據（信息、佐證）	權重	得分小計	總分	備註
任務評價內容	職業素質	1. 遵守維修管理規定 2. 按時完成工作任務 3. 操作規範無違章 4. 工作積極、勤奮好學	1. 工作過程記錄信息 2. 工量具的選用和使用考核信息 3. 工作場地清潔與安全信息	0.2			
	專業技能	1. 按照項目技能評定標準 2. 嚴格執行「安全作業」條例 3. 提倡文明作業，杜絕野蠻違章作業	1. 作業完成情況記錄 2. 項目完成情況記錄 3. 安全操作記錄	0.5			
	知識能力	1. 項目知識認知能力 2. 拓展知識認知能力	1. 問題處理能力記錄 2. 簡答成功率 3. 作業完成情況	0.3			

指導教師綜合評價：

指導教師簽名：　　　　　　　　　　　　　　　　　　　　日期：

項目七 冷卻系

【項目概述】

　　發動機在工作過程中，因燃燒做功，氣缸內氣體的溫度可高達2,500℃。直接與燃燒氣體接觸的零件（缸蓋、活塞、缸套、氣門）強烈受熱，如不採取適當的措施使之降低溫度，則其中運動機件將可能因受熱膨脹而破壞正常間隙，或因潤滑油在高溫下失效而使機件卡死，各機件也可能因高溫而導致其機械強度降低甚至損壞。因此，必須在發動機上設置冷卻裝置及冷卻系統，目的是將受熱零件吸收的部分熱量及時散發出去，保證發動機在最適宜的溫度下工作。

　　本項目將從兩個工作任務入手，讓同學們通過工作任務認知發動機冷卻系統組成、功用及基本結構，掌握冷卻系統主要部件的拆檢能力。通過任務，讓學生完成對各部件的基本結構認識，分辨各個結構類型的區別，為深入學習診斷和排除汽車發動機冷卻系故障打下良好基礎。

【項目要求】

（1）瞭解冷卻系的作用、組成、冷卻方式及結構特點。
（2）掌握冷卻系主要零部件的構造與原理。
（3）能敘述所拆發動機的冷卻液循環系統路線。
（4）學會基礎的冷卻系統各部件的檢測與維修。
（5）能夠說明如何進行節溫器的檢查。
（6）能敘述離心式水泵的拆裝步驟及裝配時的注意事項。

【項目任務與課時安排】

項目		任務	教學方法	學時分配	學時總計
項目七 冷卻系	任務1	冷卻系的認識與維護	微課+實訓	8	16
	任務2	離心式水泵的檢修與試驗	理實一體化	8	

任務1 冷卻系的認識與維護

任務目標
(1) 瞭解發動機冷卻系統的基本結構形式。
(2) 掌握發動機冷卻系統的基本組成和冷卻方式及冷卻大小循環路線。
(3) 熟悉發動機冷卻系各部件的名稱和結構特點。
(4) 學會基礎的冷卻系統各部件的檢測與維修。

【任務引入與解析】

發動機冷卻系的功用是使工作中的發動機得到適度的冷卻，並保證發動機在最適宜的溫度狀態下工作。發動機是一種把熱能轉化為機械能的裝置，為什麼還要適度冷卻呢？又為什麼不能過熱呢？冷卻強度是越強越好嗎？冷卻系在工作中，冷卻液由於蒸發、泄漏等因素會造成冷卻強度不足等現象，有時需及時更換冷卻液，應如何更換？

在發動機工作期間，最高燃燒溫度可達2,500°C，即使在怠速或中等轉速下，燃燒室的平均溫度也在1,000°C以上。因此，與高溫燃氣接觸的發動機零件受到強烈的高溫。在這種情況下，若不進行適當地冷卻，發動機就會過熱，工作條件會惡化，零部件強度會降低，機油會變質，零件磨損會加劇，最終導致發動機動力性、經濟性、排氣淨化性、可靠性及耐久性等一系列性能全面下降。

那麼，冷卻過度行不行？當然也是不行的。過度冷卻會使發動機長時間處於低溫狀態，會使散熱損失及摩擦損失增加，排放惡化，發動機工作粗暴，發動機功率下降及燃油消耗率增加。

冷卻系統既要防止發動機過熱，也要防止冬季發動機過冷。在發動機啟動之後，冷卻系還要保證發動機能迅速升溫，盡量達到正常的工作溫度（80~105°C）。

為了回答以上問題，首先要學習冷卻系的結構組成。本任務主要是通過微課或動漫的演示，讓學生通過對冷卻系的結構認識，來實現對冷卻系的維護和維修。

【任務準備與實施】

知識準備

一、冷卻系結構認知

冷卻系的功用是將受熱零件吸收的部分熱量及時散發出去，保證發動機在最適宜的溫度狀態下工作。發動機的冷卻系有風冷和水冷之分。以空氣為冷卻介質的冷卻系稱為風冷系；以冷卻液為冷卻介質的稱為水冷系。

1. 冷卻系的組成（如圖7-1-1所示）

冷卻系由冷卻液、節溫器、水泵、散熱器、散熱風扇、水溫感應器、蓄液罐、採暖裝置等組成。

汽車發動機的冷卻系為強制循環水冷系，即利用水泵提高冷卻液的壓力，強制冷卻液在發動機中循環流動。其主要由水泵、散熱器、冷卻風扇、補償水箱、節溫器、

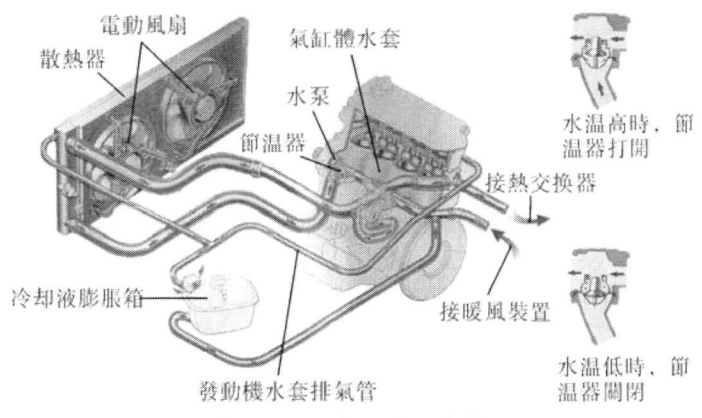

圖 7-1-1　冷卻系統示意圖

發動機機體和氣缸蓋中的水套以及附屬裝置等組成。

在冷卻系統中，其實有兩個散熱循環：一個是冷卻發動機的主循環，另一個是車內取暖循環。這兩個循環都以發動機為中心，使用的是同一冷卻液。

2. 冷卻系統大小循環（如圖 7-1-2 所示）

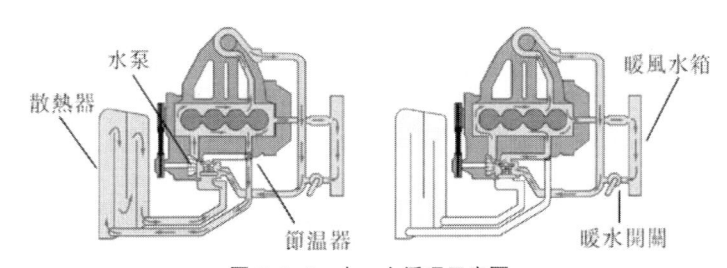

圖 7-1-2　大、小循環示意圖

（1）大循環流經路線（如圖 7-1-2 左圖所示）：水泵—分水管—氣缸體水套—氣缸蓋水套—節溫器—散熱器進水軟管—散熱器—散熱器出水軟管—水泵。（特點是經過了水箱。）

（2）小循環流經路線（如圖 7-1-2 右圖所示）：水泵—分水管—氣缸體水管—氣缸蓋水管—節溫器—旁通管—水泵。（特點是沒有經過水箱。）

二、冷卻系各元件的實樣及原理

圖形圖示	名稱
	1. 冷卻液 　　冷卻液又稱防凍液，是由防凍添加劑及防止金屬產生鏽蝕的添加劑和水組成的液體。它具有防凍性、防蝕性、熱傳導性和不變質的性能。現在經常使用乙二醇為主要成分，加有防腐蝕添加劑及水的防凍液。冷卻液用水最好是軟水，可防止發動機水套產生水垢，造成傳熱受阻、發動機過熱。在水中加入防凍劑的同時提高了冷卻液的沸點，可起到防止冷卻液過早沸騰的附加作用。另外，冷卻液中還含有泡沫抑制劑，可以抑制空氣在水泵葉輪攪動下產生泡沫，妨礙水套壁散熱。

表(續)

圖形圖示	名稱
	2. 節溫器 從介紹冷卻循環時，可以看出節溫器是決定走「冷車循環」，還是「正常循環」的。節溫器在 80℃ 後開啓，95℃ 時開度最大。節溫器不能關閉，會使循環從開始就進入「正常循環」，這樣就造成發動機不能盡快達到或無法達到正常溫度。節溫器不能開啓或開啓不靈活，會使冷卻液無法經過散熱器循環，造成溫度過高，或時高時正常。如果因節溫器不能開啓而引起過熱時，散熱器上、下兩水管的溫度和壓力會有所不同。
	3. 水泵 水泵的作用是對冷卻液加壓，保證其在冷卻系中循環流動。水泵的故障通常為水封損壞造成漏液，軸承出毛病使轉動不正常或出聲。在出現發動機過熱現象時，最先應該注意的是水泵皮帶，檢查皮帶是否斷裂或鬆動。
散熱器	4. 散熱器 發動機工作時，冷卻液在散熱器芯內流動，空氣在散熱器芯外通過，熱的冷卻液由於向空氣散熱而變冷。散熱器上還有一個重要的小零件，就是散熱器蓋，這小零件很容易被忽略。隨著溫度變化，冷卻液會「熱脹冷縮」，散熱器因冷卻液的膨脹而內壓增大，內壓增加到一定程度時，散熱器蓋開啓，冷卻液流到蓄液罐；當溫度降低，冷卻液回流入散熱器。如果蓄液罐中的冷卻液不見減少，散熱器液面卻有降低，那麼，散熱器蓋就沒有工作。
	5. 散熱風扇 正常行駛中，高速氣流已足以散熱，風扇一般不會在這時候工作；但在慢速和原地運行時，風扇就可能轉動來幫助散熱器散熱。風扇的起動由水溫感應器控製。
溫度傳感器	6. 水溫感應器 水溫感應器其實是一個溫度開關，當發動機進水溫度超出 90℃，水溫感應器將接通風扇電路。如果循環正常，而溫度升高時，風扇不轉，就需要檢查水溫感應器和風扇。
	7. 蓄液罐 蓄液罐的作用是補充冷卻液和緩衝「熱脹冷縮」的變化，所以不要加液過滿。如果蓄液罐完全用空，就不能僅僅在罐中加液，還需要開啓散熱器蓋檢查液面並添加冷卻液，不然蓄液罐就失去功用。

表(續)

圖形圖示	名稱
	8. 採暖裝置 採暖裝置在車內，一般不太出問題。從循環介紹可以看出，此循環不受節溫器控製，所以冷車時打開暖氣，這個循環是會對發動機的升溫有稍延後的影響，但影響實在不大，不用為了讓發動機升溫而使人凍著。也正因為這循環的特點，在發動機出現過熱的緊急情況下，打開車窗，暖氣開到最大，對發動機的降溫會有一定的幫助。

器材與場所準備

器材（設備、工量具、耗材）	資料準備	教學場所
設備：冷卻系統壓力、密封測試儀 1 套；正常使用的乘用車 1 臺、桑塔納發動機臺架 1 臺。 工具：專用拉器、壓器、水溫計、加熱裝置、常用工量具各 1 個；相關掛圖或圖冊若干。 耗材：冷卻液 10L、棉紗布、紙杯及鐵絲。 註：根據班級人數確定設備數量，每組 4~6 人適宜。	1. 根據知識準備內容使用微課或 PPT 課件講解發動機供給系統 2. 學習任務單（實物與圖片對比） 3. 課程教學資料	1. 多媒體教室 2. 發動機實訓室 註：在理實一體化教室最佳（帶多媒體）

任務實施

冷卻系統維護

第一步：安全要求及注意事項
（1）遵守實訓場地的安全製度。
（2）當水箱溫度過高時，不可擰開水箱蓋以防燙傷周邊人員。
（3）保持實訓場地的清潔。
（4）維護作業時，其他人員要注意操作者的動作。
（5）不要將機油、冷卻液、煞車液等噴濺到他人和自己身上。

第二步：冷卻系統的維護
1. 冷卻系統技術狀況的變化
　　發動機冷卻液若溫度過低，燃油會霧化不良，混合氣混合將不均勻，燃油消耗將增加，發動機功率會下降。在低溫情況下，潤滑油因溫度低會使其泵油能力變差，增加了機件的運動阻力，還會使缸壁的「冷激」效應增強，加劇缸壁和活塞的腐蝕和磨損。

　　發動機冷卻液溫度過高，發動機容易出現爆燃和早燃。高溫會使各個零件受熱膨脹過度，使原有的配合間隙發生變化，破壞了正常的工作狀態；過熱還會導致潤滑油的黏度下降甚至變質，破壞潤滑油膜，加劇發動機零件磨損，嚴重會導致拉缸、燒瓦抱軸等嚴重故障。冷卻液溫度過高還會使機件變形增加，非金屬件老化加快，造成漏

水、漏油等故障。

冷卻系統技術狀況變差的主要原因為：冷卻液缺失、散熱器堵塞、系統內有水垢、風扇皮帶打滑、節溫器失靈等。

2. 風扇皮帶鬆緊度的檢查與調整

說明	風扇皮帶的鬆緊度應合適。在裝配或使用過程中應對風扇皮帶的鬆緊度進行檢查和調整，以保證冷卻系統正常工作。其常用檢測方法有以下兩種：
圖示與方法	（1）實際經驗法　　　　　　　　　　（2）量具檢測法

3. 冷卻液加註與排氣

| 說明 | 一、冷卻液的加註
水冷系統使用的冷卻水最好是軟水，即含鹽分較少的水，如雨水、雪水、自來水，否則在水套和散熱器中容易產生水垢，影響冷卻效果，造成發動機過熱。
出車前應在發動機冷態下檢查冷卻系統中冷卻液是否充足，如不足要進行補充加註；在大修裝配後，要進行重新加註；在使用過程中，冷卻液會因長期使用導致性能發生改變，應及時進行更換。
冷卻液添加劑切勿混用不同牌號的冷卻液。禁止使用磷酸鈉和亞硝酸鹽作為防腐劑的冷卻液。冷卻液推薦使用的混合比例（體積比）見下表。

\| 防凍最低位置 \| 添加劑 G11（％） \| 水（％） \|
\| --- \| --- \| --- \|
\| -25℃ \| 40 \| 60 \|
\| -35℃ \| 50 \| 50 \|

（一）加註冷卻液步驟（添加）
（1）加註冷卻液至冷卻液膨脹水箱最高點標記處。
（2）旋緊膨脹水壺蓋。
（3）使發動機運轉 5~7min。
（4）檢查冷卻液面高度，必要時加註冷卻液到最高標記處。
（二）排放冷卻液的步驟（更換）
（1）將儀表板上的暖風開關撥至右端，打開暖風控製閥。注意：在熱態時不可立即取下冷卻液膨脹箱蓋，以防蒸汽噴出傷人。
（2）在蓋子上遮蓋一塊抹布，小心地旋開蓋子。
（3）在發動機下放置一個乾淨的收集盤（收冷卻液）。
（4）鬆開夾箍，撥下散熱器的下水管放出冷卻液。
二、冷卻液的排氣
更換冷卻液後，有些車輛需要排除冷卻系統裡的空氣。排除的方法因車而異，但基本排氣順序還是遵循以下步驟：
（1）啟動車輛運轉幾分鐘。
（2）冷卻系統排空氣。
① 有單個排氣螺栓的，鬆開螺栓直接排空氣。
② 有多個排氣螺栓的，遵循「先低後高」原則排除冷卻系統空氣。 |

項目七 冷卻系

表(續)

圖示與方法	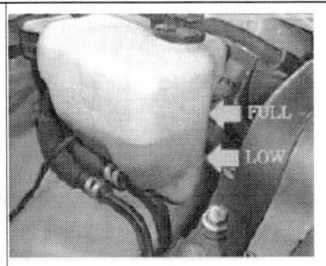 加註刻度線 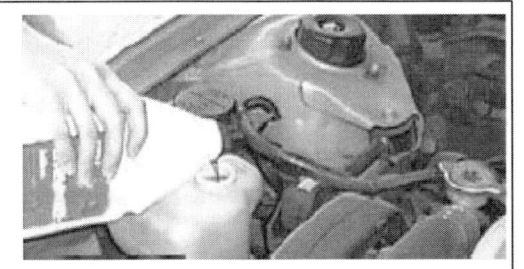	加註冷卻液
說明	車型的不同，冷卻系統的結構形式也有所不同，加註冷卻液的位置和加註量的指示標記也有所不同。如下圖所示的是另一種結構形式加註。 注意：在更換新冷卻液時，一定要先檢查冷卻系統是否有滲漏，特別是水箱是否有滲漏現象，以免更換新冷卻液時，水箱漏水。	
圖示與方法	 (沒有刻度線) 位置剛好在棱處 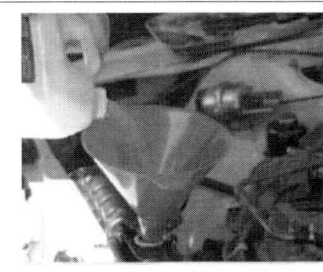	加註冷卻液 (使用漏門)

4. 節溫器的檢查和更換

| 說明 | 1. 節溫器概述
節溫器作為調節流經散熱器中冷卻液流量的裝置，在冷卻系統中起重要的作用，是冷卻系統冷卻液溫度保持平衡的關鍵。節溫器失效會導致發動機過熱或過冷，因此，要根據需要對節溫器進行檢測。
2. 節溫器檢驗
節溫器為蠟式節溫器，檢查節溫器的功能是否正常，可將節溫器置於熱水中，觀察溫度變化時節溫器的動作。溫度為 87 ±2℃ 開始打開，溫度達 102 ±3℃ 時，其升程大於 7mm。
3. 節溫器的拆卸、檢修與安裝
(1) 節溫器的拆卸
在發動機處於停機、冷態時，可進行節溫器的拆卸作業。將蓄電池負極導線拆下；按規定的程序，把冷卻系統的冷卻液排放乾淨；取下散熱器的連接管，拆掉出水套管，將節溫器取出。
(2) 節溫器的檢修
外觀檢查：檢查節溫器的閥門、彈簧是否有變形、失效、污物等，如有，予以清理或更換。
檢查節溫器：將節溫器置於盛水容器內，逐漸加熱，觀察節溫器始開和全開時的溫度，如果開啓溫度不符合規定，則應更換節溫器。
(3) 節溫器的安裝
安裝程序與拆卸程序相反，但應注意發動機大修後的節溫器，應使用新的密封墊。安裝完畢後，加註冷卻液，起動發動機運轉，看是否有滲漏現象。 |

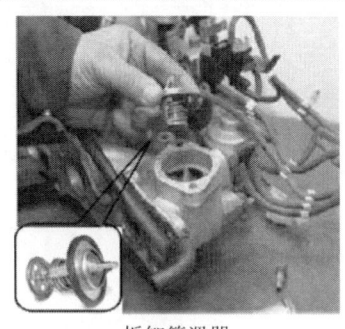

表(續)

| 圖示與方法 | 拆卸節溫器 | 節溫器檢驗 |

第三步：實訓講評主要內容

(1) 個人或各組實訓效果。
(2) 檢驗步驟、操作手法和要領。
(3) 任務中零部件名稱和功用。
(4) 下次工作中要注意的事項。

第四步：清理、清掃

(1) 嚴格按照汽車「4S」店車間管理製度執行，遵守實訓車間「整理、整頓、清理、清掃、安全、素養」的6S管理。
(2) 工作任務完成後，首先檢查工具，以防掉入發動機內。
(3) 清理工作現場。
(4) 對此次工作任務的質量進行講評。

【任務考核與評價】

任務名稱＿＿＿＿＿＿＿＿＿＿

專業：		班級：	姓名：	指導教師：	
任務考核內容	序號	考核內容	配分	評分標準	得分
	1	正確選用工具、儀器、設備	10	工具選用不當扣1分/每次	
	2	主要零件檢驗方法與要領及準確度	30	錯誤扣2分/每處	
	3	發動機冷卻系統的組成認知	20	錯誤扣2分/每個	
	4	冷卻系主要零部件名稱認知	20	錯誤扣2分/每處	
	5	說出主要冷卻系統大、小循環路徑	10	錯誤扣2分/每點	
	6	安全操作、無違章；遵守安全規程；清理現場衛生	10	出現安全、違章操作，此次實訓考核記零分	
	7	分數合計	100		

表(續)

	評價	評價標準	評價依據（信息、佐證）	權重	得分小計	總分	備註
任務評價內容	職業素質	1. 遵守維修管理規定 2. 按時完成工作任務 3. 操作規範無違章 4. 工作積極、勤奮好學	1. 工作過程記錄信息 2. 工量具的選用和使用考核信息 3. 工作場地清潔與安全信息	0.2			
	專業技能	1. 按照項目技能評定標準 2. 嚴格執行「安全作業」條例 3. 提倡文明作業，杜絕野蠻違章作業	1. 作業完成情況記錄 2. 項目完成情況記錄 3. 安全操作記錄	0.5			
	知識能力	1. 項目知識認知能力 2. 拓展知識認知能力	1. 問題處理能力記錄 2. 簡答成功率 3. 作業完成情況	0.3			

指導教師綜合評價：

指導教師簽名：　　　　　　　　　　　　　　　　　　日期：

任務 2　離心式水泵的檢修與試驗

任務目標
（1）瞭解水泵的組成與工作原理。
（2）能進行水泵的拆裝與檢修。

【任務引入與解析】

　　水泵是冷卻系中重要的組成部件，其主要功用就是對冷卻液施壓，加速冷卻液的循環流動，保證發動機冷卻可靠。車用發動機上多採用離心式水泵，離心式水泵具有結構簡單、尺寸小、排量大、維修方便等優點。
　　本任務是常見檢測與維修工作之一，通過任務實施，能使學生學會水泵的拆裝與檢測的方法和步驟，掌握水泵的結構特點，懂得水泵零部件組成與工作原理。

【任務準備與實施】

知識準備

水泵的基本組成與工作原理認識

離心式水泵主要由固定的鑄鐵（或鑄鋁）外殼和裝在軸一端旋轉的葉輪組成。葉輪一般是徑向向後彎曲，其數目一般為6~8個。當水泵工作時葉輪旋轉，水泵中的水被葉輪帶動一起旋轉，在本身的離心力作用下，向葉輪的邊緣甩出，然後經出水管送到發動機水套內（此時壓力升高）。同時，葉輪中心處壓力降低，散熱器下水室中的水經過進水管被吸進葉輪中心處。如此連續作用，使冷卻水在水路中不斷地循環。需要指出的是水泵因故停止工作時，冷卻水仍然能從葉輪、葉片之間流過，進行熱流循環，不至於很快過熱。

器材與場所準備

器材（設備、工量具、耗材）	資料準備	教學場所
設備：可燃發動機試驗臺2臺，正常實訓車輛2臺。 工具：常用維修工具數套（根據分組決定）。 耗材：抹布、清洗汽油。 註：根據班級人數確定設備數量，每組4~6人適宜。	1. 學習任務單（實物與圖片對比） 2. 課程教學資料	1. 多媒體教室 2. 發動機實訓室 註：在理實一體化教室最佳（帶多媒體）

任務實施

第一步：安全要求及注意事項
（1）遵守實訓場地的安全製度。
（2）杜絕草率拆解水泵總成。
（3）保持實訓場地的清潔。
（4）維護作業時，其他人員要注意操作者的動作。
（5）不要將機油、冷卻液、煞車液等噴濺到他人和自己身上。

第二步：拆卸水泵總成（以 AJR 型發動機為例）
（1）使發動機位於維修工作臺上。
（2）排放冷卻液。
（3）拆卸驅動水泵的齒形帶。
（4）拆卸散熱器風扇電動機。
（5）拆下同步帶的上、中防護罩。
（6）將曲軸調整到第一缸上止點位置。
（7）拆下凸輪軸的同步帶，但不必拆下曲軸齒形帶輪。保持同步帶在曲軸同步帶輪上的位置。
（8）旋下螺栓，拆下同步帶後防護罩。
（9）小心地將水泵拉出。

第三步：檢查

AJR 型發動機水泵的結構特點是水泵裝有密封式軸承，在正常工作下，不需維護。若確定水泵有故障，必須更換水泵總成，不進行分解檢修。

第四步：安裝

(1) 清潔 O 型密封圈的連接表面。
(2) 用冷卻液浸濕新的 O 型密封圈。
(3) 安裝水泵總成，注意罩殼上的凸耳朝下。
(4) 安裝正式齒形帶後防護罩。
(5) 擰緊水泵固定螺栓至 15N·m。
(6) 安裝同步帶（調整配氣正時）。
(7) 安裝驅動水泵的正時齒形帶。
(8) 加註冷卻液。

第五步：實訓講評

(1) 個人或各組實訓效果講述。
(2) 操作手法和要領講評。
(3) 對實訓中出現的問題進行講評。
(4) 對實訓設備（發動機）檢查、評價。

第六步：清理、清掃

(1) 嚴格按照汽車「4S」店車間管理製度執行，遵守實訓車間「整理、整頓、清理、清掃、安全、素養」的 6S 管理。
(2) 工作任務完成後，首先檢查工具，以防掉入發動機內。
(3) 清理工作現場。
(4) 對此次工作任務的質量進行講評。

任務拓展

練習對東風 EQ6100-1 型發動機用離心式水泵拆解檢修

要求：

1. 水泵結構說明

2. 水泵檢修過程描述

(1) 檢查泵殼與帶輪有無損傷。
(2) 檢查水泵軸有無彎曲變形（水泵軸彎曲大於 0.05mm 時，應冷壓校直）。
(3) 軸承軸向間隙（若其大於 0.05mm、徑向間隙大於 0.15mm 時，應予以更換）。
(4) 檢查水泵葉輪的葉片有無損壞，葉輪的軸孔是否磨損過度。
(5) 檢查水封、膠木墊、彈簧等零件的磨損及損傷程度，如有損傷予以更換。
(6) 檢查帶輪轂與水泵軸的配合情況。裝泵軸的孔磨損過度，可鑲套修復或更換。

3. 水泵裝復後試驗結論

(1) 水泵裝合後，用手轉動帶輪，泵軸轉動應無卡滯現象；水泵葉輪與泵殼應無碰擦現象。

(2) 將水泵裝在試驗臺上，按原廠規定進行壓力-流量試驗。例如，桑塔納 2000 型轎車發動機水泵規定在轉速 6,000r/min 時，進口壓力為 0.1MPa，系統壓力為 0.14MPa，出口壓力為 0.16MPa；東風 EQ6100-1 型發動機水泵轉速為 2,000r/min 時，

水泵流量不得低於 220L/min，壓力不得低於 49KPa。

【任務考核與評價】

任務名稱_____

專業：		班級：		姓名：	指導教師：		
任務考核內容	序號	考核內容		配分	評分標準		得分
	1	正確選用工具、儀器、設備		10	工具選用不當扣 1 分/每次		
	2	檢測與檢修水泵的方法與要領及準確度		30	錯誤扣 2 分/每處		
	3	組成水泵總成的零部件認知		20	錯誤扣 2 分/每個		
	4	水泵主要零部件名稱認知		20	錯誤扣 2 分/每處		
	5	說出主要零部件結構形式		10	錯誤扣 2 分/每點		
	6	安全操作、無違章		10	出現安全、違章操作，此次實訓考核記零分		
	7	分數合計		100			
任務評價內容	評價	評價標準	評價依據（信息、佐證）	權重	得分小計	總分	備註
	職業素質	1. 遵守維修管理規定 2. 按時完成工作任務 3. 操作規範無違章 4. 工作積極、勤奮好學	1. 工作過程記錄信息 2. 工量具的選用和使用考核信息 3. 工作場地清潔與安全信息	0.2			
	專業技能	1. 按照項目技能評定標準 2. 嚴格執行「安全作業」條例 3. 提倡文明作業，杜絕野蠻違章作業	1. 作業完成情況記錄 2. 項目完成情況記錄 3. 安全操作記錄	0.5			
	知識能力	1. 項目知識認知能力 2. 拓展知識認知能力	1. 問題處理能力記錄 2. 簡答成功率 3. 作業完成情況	0.3			

指導教師綜合評價：

指導教師簽名：　　　　　　　　　　　　　　　　　　　　日期：

項目八
發動機總裝與調試

【項目概述】

　　發動機總裝是在發動機各零部件符合使用要求的前提下，按照一定程序和技術要求裝配成完整的、技術性能良好的發動機總成的過程。

　　發動機的裝配質量，對大修後的性能影響很大。因此，發動機的總裝必須嚴格按照技術要求進行。

　　發動機裝配完整後，需進行磨合和試驗，用以改善摩擦副的技術要求，擴大實際接觸面積，增強零件的承載能力，改善發動機各系統運行的協調性，防止發動機非正常磨損，延長使用壽命。

　　發動機磨合後，需要進行拆檢，可以及時發現裝配過程中的誤差，並及時進行修正和排除。

　　最後，還要進行竣工驗收及性能檢測，以確保大修後的發動機性能達到技術標準。

　　本項目將從兩個個工作任務入手，使用可燃發動機作為實訓設備，讓同學們真實體驗整個工作程序和調試過程，這是對學生學習本課程後的檢驗。

【項目要求】

(1) 瞭解發動機總裝和調試工藝流程。
(2) 掌握發動機裝配和調試程序和方法。
(3) 能敘述發動機總裝技術要求及裝配順序。
(4) 熟悉發動機各性能的試驗方法。
(5) 知道發動機大修竣工的驗收項目與技術標準。

【項目任務與課時安排】

項目	任務		教學方法	學時分配	學時總計
項目八 發動機 總裝與調試	任務 1	發動機的總裝	理實一體化	12	16
	任務 2	發動機的磨合	理實一體化	4	

任務 1　發動機的總裝

> **任務目標**
> （1）瞭解發動機總裝的工藝流程。
> （2）掌握發動機裝配工藝流程和方法。
> （3）瞭解發動機總裝技術要求。
> （4）學會基礎的發動機部件的檢測與維修。

【任務引入與解析】

本課程的學習已進入尾聲，此次發動機總裝任務的學習是對我們前期學習的考查，更是對我們學習本門課程的檢驗。

發動機在總裝過程中有哪些技術要求？應注意哪些事項？裝配的工藝流程是什麼？各零件間的相互關係如何調整？

發動機的總裝就是把新零件、修理合格的零件、組合件及輔助總成，按照裝配工藝和技術標準裝配成完整的發動機並對其進行調試和磨合。發動機的裝配及磨合質量對發動機的修理質量和性能有較大的影響，對大修發動機的使用壽命的影響也非常大。

本任務主要是採用「學生主導，教師指導」的理實一體化傳授方式，通過學生自主研討完成工作任務，教師只是起到引導和糾正作用。通過實施本工作任務，可真實檢驗學生的技能，並將此檢驗結果作為技能考核主要參考。

【任務準備與實施】

知識準備

一、按照總裝技術要求做好充分準備

（1）準備本機型技術資料，按照技術要求執行。
（2）復驗待裝零部件、輔助總成、性能試驗合格。
（3）全部密封襯墊、開口銷、保險墊片、金屬鎖線、墊圈等應更換新件。
（4）各個不可互換的零部件，如氣缸體與飛輪殼、活塞連桿組的連杆和連杆蓋、氣門等應對好位置和記號，原位裝復，不得錯亂。
（5）發動機上重要的螺栓、螺母，如連杆螺栓、主軸承螺栓、缸蓋螺栓、飛輪螺栓等，必須按規定的力矩和順序，並分次進行扭緊。
（6）要注意螺栓的長度和螺紋的牙型。不要將長螺栓擰入短的螺孔上，也不要將短螺栓擰入長螺孔上，否則會影響緊固效果，造成滑扣等。要注意螺栓的螺紋是粗牙還是細牙，不要裝錯。
（7）關鍵部位的重要間隙必須符合規定。如活塞與氣缸壁間隙、曲軸與軸承間隙、氣門間隙、曲軸和凸輪軸的軸向間隙等。
（8）裝配過程中需要潤滑的部位，要進行潤滑。如氣缸、活塞環、活塞銷、曲軸軸頸等部位在裝配前要進行塗抹潤滑油處理。

（9）裝配過程中盡可能使用專用的工具。要採用正確的操作方法和手段，防止產生非正常的零部件損傷。

（10）在裝配過盈的緊配合件時，要採用壓力機壓入方式，盡量不要用錘子敲擊，即使要用也要用橡皮錘或銅錘，並用墊鐵過渡，防止將零件砸傷。

（11）對於動平衡件，要保證平衡塊原位裝復，不能漏裝。

二、零部件準備標準

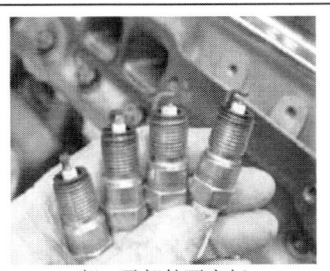

好：零部件要完好	淨：安裝部件要乾淨
齊：部件擺放要整齊	專：工量具使用要專一

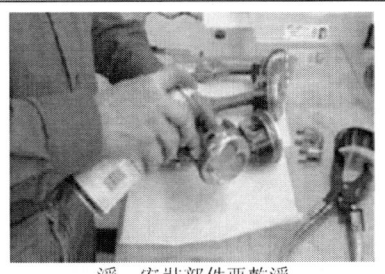

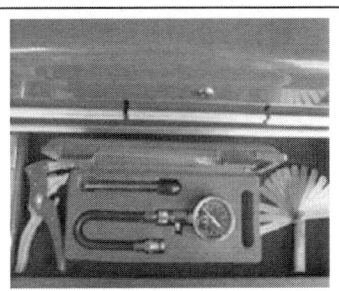

器材與場所準備

器材（設備、工量具、耗材）	資料準備	教學場所
設備：可燃發動機2臺。 工具：專用拉器、壓器、加熱裝置、常用工量具各1個；相關掛圖或圖冊若干。 耗材：整車發動機襯墊2套、冷卻液20L、棉紗布1kg、開口銷及更換的螺栓、螺母、機油8L、汽油4L（實際耗材依據檢驗結果和材料申報單確定）。 註：每組4~6人適宜。	1. 本機型維修技術資料 2. 學習任務單 3. 課程教學資料 4. 發動機裝配掛圖	1. 多媒體教室 2. 發動機實訓室 註：在理實一體化教室最佳（帶多媒體）

任務實施

第一步：安全要求及注意事項

（1）遵守實訓場地的安全製度。

（2）保持實訓場地的清潔。

（3）裝配零部件時，必須符合技術要求，特別是曲柄連杆機構的油道在清洗乾淨後，必須用高壓空氣吹淨。其他零部件在裝配時，必須按照裝配順序、裝配標記進行。

（4）螺紋緊固件的擰緊力矩（扭緊力矩單位：N·m）按照技術標準執行。

（5）凡規定使用開口銷、金屬鎖片、彈簧墊圈等鎖緊件的，均應安裝到位，不得遺漏。

（6）裝配中應注意檢查各機件的質量及裝配質量，以確保機器的裝配技術要求。

第二步：發動機組裝（桑塔納3000型）

1. 以發動機氣缸體為基礎，裝曲軸飛輪組
（1）用專用工具將滾針飛輪軸承壓入軸承孔中。
（2）將油泵的主傳動鏈輪加熱並從曲軸前端壓入到位。
（3）將脈衝傳感器輪螺栓旋入曲軸，力矩10N·m，再擰緊90°。
（4）清洗氣缸，用壓縮空氣吹乾淨，倒置於安裝支架上，正確安放各道主軸瓦及止推墊，注意安裝方向和位置。
（5）將曲軸置於缸體主軸承座孔中，按規定扭矩依次從中間向兩側分3次擰緊各軸承蓋螺栓，最終擰緊力矩為65N·m，然後再擰緊90°。止推墊圈安裝後應軸向撬動曲軸，檢查其軸向間隙，其間隙值應為0.07~0.21mm；每緊固一道主軸承蓋後就要轉動曲軸，應無明顯阻力。檢查其徑向間隙（可在軸頸上放置一根塑料間隙條，按規定力矩擰緊後，不轉動曲軸拆下軸承蓋，用樣條測其寬度，所對應的值即為其間隙），其間隙值為0.01~0.04mm。軸承過緊或過鬆、曲軸軸向間隙不符合要求時，應查明原因予以排除。
（6）安裝曲軸前、後端油封凸緣襯墊及油封等，後密封法蘭螺栓擰緊力矩為16N·m。
（7）安裝飛輪及曲軸正時齒帶輪。固定飛輪時，緊固螺釘應分3次擰緊，擰緊力矩為60N·m，然後再擰緊90°。正時齒輪帶擰緊力矩為90N·m，再擰緊90°，放入正時齒帶。

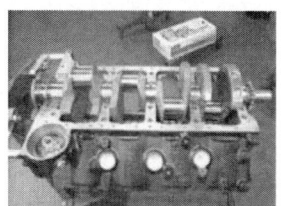

（1）清潔各部要裝配的曲軸及零部件	（2）檢驗曲軸主軸瓦間隙、安裝曲軸飛輪組

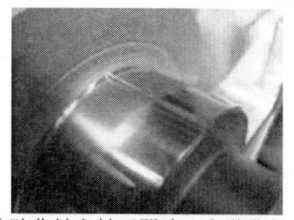

2. 裝活塞連杆組

組裝活塞連杆組，使活塞上的標記與同缸號連杆的凸點指向發動機前方，並按缸號依次分組擺放整齊（如下圖1所示）。

逐缸檢查活塞配缸間隙，間隙值為0.025~0.045mm。

在配合面上塗抹機油，然後用拇指將活塞銷推入活塞銷座孔及連杆小頭孔中（阻力較大時，可先用熱水將活塞加熱至60℃；若加熱後仍不能將活塞銷推入，應重新選配），並裝好卡環（如下圖2所示）。

檢查活塞是否偏缸：使發動機側置，將未裝入活塞環的活塞連杆組裝入各缸，並按規定扭矩分次擰緊連杆軸承蓋螺栓，擰緊力矩為30N·m，此時不再繼續擰緊90°。轉動曲軸，用塞尺檢查活塞在上、下止點及氣缸中部，看看活塞頂部在氣缸前、後方向的間隙是否相同，即是否存在偏缸。存在偏缸時，應查明原因予以消除。檢查偏缸的同時，還應注意檢查連杆軸承與軸頸的軸向及徑向間隙，軸向間隙為0.10~0.35mm。

安裝活塞環：在活塞環端隙、側隙及背隙符合要求的情況下，用活塞環鉗將其裝入相應的環槽中。安裝第一道環時，應注意該環為鍍鉻內倒角環，內倒角應朝上；安裝第二道環（錐形環）時，應使標有「TOP」字樣的一面朝向活塞頂部。安裝時各道活塞環應塗上機油並使開口相互錯開120°，並使第一道活塞環的開口位於側壓小的一側，且與活塞銷軸線呈45°角。

將活塞連杆組裝入氣缸：使活塞頂面的指示箭頭指向發動機前方，並按缸號標記，將組裝好的活塞連杆組自缸體上方放入氣缸中，用活塞環箍壓縮活塞環後，用鎚子木柄將活塞推入缸內，使連杆大頭落於連杆軸頸上，按標記扣合連杆軸承蓋，並按規定力矩擰緊連杆螺栓，擰緊力矩為30N·m，再擰緊90°。

注意：此發動機的連杆螺栓為預應力螺栓，大修拆卸後應予以更換。

项目八　發動機總裝與調試

表(續)

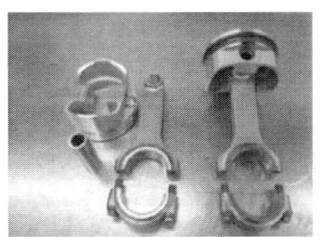 （1）安裝活塞連桿組	 （2）安裝活塞銷卡簧
 （3）檢查活塞三隙	 （4）安裝活塞連桿組
 （5）使用活塞環專用壓縮器裝入活塞	 （6）使用扭力扳手緊固連桿瓦螺絲
3. 安裝集濾器和油底殼	
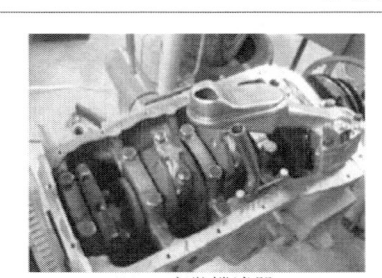 （1）安裝機濾器	 （2）安裝油底殼，按照規定力矩，分三次擰緊螺栓

177

表(續)

4. 將氣門和凸輪軸等配氣機構部件裝到缸蓋上
　　(1) 將中間軸裝入機體軸承孔中，在其前端裝入 O 形密封圈、凸緣及油封。油封凸緣緊固螺栓應以 25N·m 的力矩擰緊。最後裝好中間軸齒帶輪。
　　(2) 將各氣門插入相應的氣門導管中，檢查氣門與氣門座的密封性（可用汽油進行滲漏檢驗），不符合要求時，應進行手工研磨。
　　(3) 取出各氣門，裝好氣門彈簧下座，用專用工具將氣門密封圈壓裝在氣門導管上，再重新插入已研磨好的與各缸相對應的氣門，裝好氣門彈簧、上彈簧座及鎖片（使用過的舊鎖片不準再用），並用木錘輕輕敲擊氣門座圈，以查鎖片是否到位。
　　(4) 將液壓挺柱浸入潤滑油中反覆推壓，排除內腔中的空氣；按順序將各氣門挺柱涂上機油後裝入挺柱軸承孔中。更換並安裝氣門油封。
　　(5) 將凸輪軸置於氣缸蓋上的軸承孔中，要求第一缸的凸輪應朝上；然後交替對角多次擰緊第 2、4 號軸承蓋，擰緊力矩為 20N·m，然後再安裝第 5、1、3 號軸承蓋，擰緊力矩同上。檢查各道凸輪軸的軸向和徑向間隙。

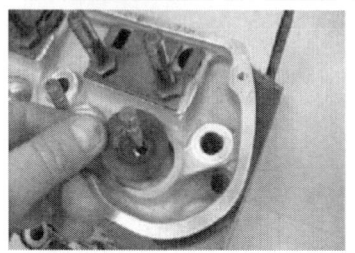

(1) 安裝氣門油封，給油封均勻涂抹機油	(2) 用氣門拆裝鉗安裝氣門

5. 安裝氣缸蓋
　　(1) 將定位導向螺栓 3070 擰入缸體上 9、10 的螺栓孔中。將氣缸墊安裝於氣缸體上，使標有 OPENTOP 標記的一面朝向氣缸蓋。
　　(2) 轉動曲軸使活塞轉到第一缸上止點位置，將氣缸蓋置於氣缸體上，用手擰入其他 8 個缸蓋螺栓，再擰出 10、9 螺栓孔中的定位螺栓，再換成 2 個氣缸蓋螺栓。
　　(3) 安裝氣缸蓋時，至少分 3 次分別擰緊各缸蓋螺栓；第一次扭至 20N·m；第二次扭至 40N·m；第三次再擰緊 180°。
　　(4) 安裝輪軸油封。用專用工具將油封壓入油封孔中。
　　(5) 安裝氣門罩蓋密封襯墊、密封條、氣門罩蓋、壓條及儲油器等，並以 10N·m 的力矩擰緊其緊固螺母。

(1) 安裝氣缸蓋	(2) 調整氣門間隙

6. 安裝齒形皮帶、分電器和機油泵鏈輪
　　(1) 安裝正時齒輪帶。安裝凸輪軸半圓鍵及正時齒輪帶，螺栓擰緊力矩為 100N·m。轉動凸輪軸使其調至一缸做功位置（轉動凸輪軸時，曲軸不處於上止點位置，以防氣門碰撞活塞，造成零件損傷），即凸輪基圓與挺柱接觸，氣門完全關閉。
　　(2) 將凸輪軸正時齒帶輪上的正時記號與齒帶防護罩上的記號對齊。
　　(3) 轉動曲軸，使曲軸位於一缸上止點位置，即 V 帶輪上的標記與上止點標記對齊。
　　(4) 將齒帶套到凸輪軸齒帶輪、水泵齒帶輪及張緊器上。
　　(5) 將張緊輪定位塊嵌入缺口中，通過張緊輪調整好齒帶張緊程度，以能扭轉到 90° 為最佳。

表(續)

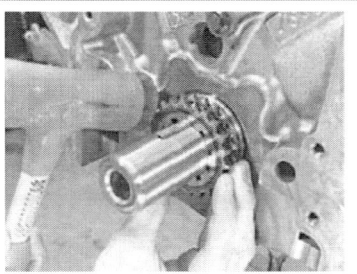 (1) 使用軟質榔頭輕輕擊打齒輪	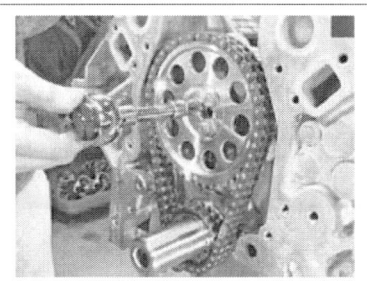 (2) 對正時標記、安裝正時鏈條

7. 安裝其他附件
（1）安裝水泵及配氣相位傳感器。安裝配氣相位傳感器時，擰緊力矩為 10N·m；安裝傳感器罩，螺栓固定力矩為 20N·m；安裝水泵，螺栓擰緊力矩為 15N·m。
（2）將齒帶輪下、中、上護罩、氣缸蓋襯墊、氣缸蓋罩等依次安裝到發動機機體上。
（3）安裝曲軸位置傳感器、節溫器。節溫器座與氣缸體平面之間要裝 O 形密封圈。
（4）安裝發電機和空調支架。
（5）安裝機油濾清器。將已裝有機油壓力限壓閥、安全閥、機油壓力開關、支架等零件的濾清器總成裝到缸體上。
（6）安裝發動機支架，其擰緊力矩為 40N·m。
（7）安裝轉速傳感器、爆震傳感器、水管和火花塞等。
（8）安裝點火線圈組件；安裝進氣歧管墊、進氣歧管及支架，從中間到兩側，上下對稱擰緊固定螺母，擰緊力矩為 20N·m；安裝排氣歧管墊、排氣歧管及支架，擰緊方法同前，擰緊力矩為 45N·m。
（9）安裝噴油器、燃油分配管、進氣溫度傳感器、節氣門體、水溫傳感器和氧傳感器等。
（10）安裝起動機、發電機、空調壓縮機和轉向助力泵。安裝傳動帶，調整張緊輪，皮帶的張緊要適當，一般來說，用拇指以 30~50N·m 的力按皮帶中間，皮帶應產生 10~15mm 的下壓距離。
（11）安裝空氣流量計、空氣濾清器和連接線等。

 (1) 安裝水泵等附件	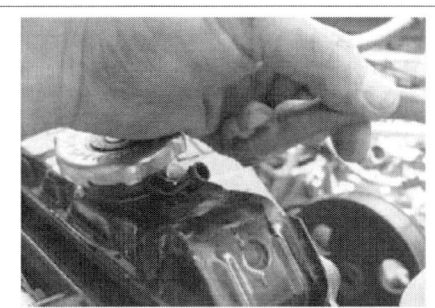 (2) 安裝水管、溢流管等

8. 將發動機總成裝車

 (1) 吊裝發動機	 (2) 安裝其餘附件

第三步：裝復檢查

對整個工作過程進行檢查，重點檢查以下內容：

（1）管路連接是否牢固。

（2）螺栓、螺母是否緊固。

（3）工作場所是否有遺漏螺栓、螺母。

（4）電線連接點是否牢固。

（5）做到「不漏電、不漏水、不漏油、不漏氣」四不漏。

第四步：實訓講評主要內容

（1）個人或各組實訓效果及完成工作情況記錄。

（2）總裝步驟、操作手法和要領有無違規現象。

（3）任務中零部件擺放、部件名稱及功用是否記住。

（4）總結本次工作不足之處，下次工作中要注意修正。

（5）準備下次發動機磨合任務。

第四步：清理、清掃

（1）嚴格按照汽車「4S」店車間管理製度執行，遵守實訓車間「整理、整頓、清理、清掃、安全、素養」的6S管理。

（2）工作任務完成後，首先檢查工具，以防掉入發動機內。

（3）清理工作現場。

（4）對此次工作任務的質量進行講評。

【任務考核與評價】

任務名稱＿＿＿＿＿＿＿＿＿＿＿＿＿＿＿

專業：　　　班級：　　　姓名：　　　指導教師：

	序號	考核內容	配分	評分標準	得分
任務考核內容	1	正確選用工具、儀器、設備	10	工具選用不當扣1分/每次	
	2	主要零件檢驗與安裝是否規範，方法與要領及準確度	30	錯誤扣2分/每處	
	3	發動機總裝過程中對部件的認知能力	20	錯誤扣2分/每個	
	4	發動機總裝的工藝流程、發動機部件的檢測與維修	20	錯誤扣2分/每處	
	5	發動機總裝技術要求	10	錯誤扣2分/每點	
	6	安全操作、無違章；遵守安全規程；清理現場衛生	10	出現安全、違章操作，此次實訓考核記零分	
	7	分數合計	100		

表(續)

	評價	評價標準	評價依據 (信息、佐證)	權重	得分 小計	總分	備註
任務評價內容	職業素質	1. 遵守維修管理規定 2. 按時完成工作任務 3. 操作規範無違章 4. 工作積極、勤奮好學	1. 工作過程記錄信息 2. 工量具的選用和使用考核信息 3. 工作場地清潔與安全信息	0.2			
	專業技能	1. 按照項目技能評定標準 2. 嚴格執行「安全作業」條例 3. 提倡文明作業、杜絕野蠻違章作業	1. 作業完成情況記錄 2. 項目完成情況記錄 3. 安全操作記錄	0.5			
	知識能力	1. 項目知識認知能力 2. 拓展知識認知能力	1. 問題處理能力記錄 2. 簡答成功率 3. 作業完成情況	0.3			

指導教師綜合評價：

指導教師簽名：　　　　　　　　　　　　　　　　　日期：

任務 2　發動機的磨合

任務目標
（1）瞭解發動機磨合的作用。
（2）掌握發動機冷、熱磨合要求。
（3）知道磨合後的檢驗指標。

【任務引入與解析】

　　汽車發動機總裝或機構組裝後，為改善零件摩擦表面幾何形狀和表面物理、機械性能而進行的運轉過程稱為磨合。當然，大修後的發動機也不例外。

　　發動機總成磨合是修理工藝過程中的一個重要工序，是有關總成從修理裝配狀態轉入工作運行狀態的一個過渡，磨合質量的好壞對總成修理質量和大修間隔裡程有著重大的影響，因此，未經磨合的發動機（包括機械設備）是不允許投入使用的。

　　本任務實施的一個環節，那就是「冷磨和」，也就是說，首先要有一臺冷磨合設備，在不具備這樣的條件下，可以直接進行「熱磨合」，但要絕對控製好發動機運行轉

速和發動機溫度。在這裡我們把磨合的程序和要求概述一下，通過概述，能使學生掌握和瞭解磨合的工藝流程和磨合注意要點。

【任務準備與實施】

知識準備

1. 磨合的目的

發動機總成裝配後，在投入使用前，要進行磨合。磨合有的在磨合臺架上進行，有的在車上就車進行。磨合的目的是以最小的磨損量和最短的時間，自然建立起適合工作條件要求的配合表面，防止出現破壞性磨損，檢驗裝配質量，發現隱患，以延長發動機的使用壽命。

發動機的主要零件雖然具有較高的精度和較低的粗糙度，但是零件表面仍留有微觀的不平和加工痕跡，表面形狀和相互位置也具有一定的誤差。因此實際工作時接觸面積較小，壓力較大。如果直接投入使用，承受負荷，表面會產生劇烈的磨損，甚至出現黏著磨損，導致表面燒傷或拉傷。因此在磨合規範中要求在磨合的初期，先採用低速、無負荷條件下運轉，然後再逐漸提高轉速與負荷，直到達到額定的轉速為止。

2. 影響磨合的因素

（1）零件表面粗糙度

對磨合質量的好壞起重要作用的是零件表面的原始粗糙度。如果零件表面是經過精加工形成的很光滑的表面，對磨合是不利的。因為此時表面不易發生磨損，磨合時間就長，可能發生黏著。因此表面應有一定的表面粗糙度。

（2）工藝措施

活塞環由於存在側隙，所以在往復運動中要發生傾斜。例如活塞環斷面如果採用的是矩形，在壓縮行程期間其上棱邊會強力壓在缸壁上，不能有效地刮下潤滑油，所以磨合潤滑油消耗量大，錐面環和扭曲環可以迅速地磨合，使走合期縮短，潤滑油消耗也隨之減少。

（3）零件表面性質

用多孔鍍鉻代替光滑鍍鉻，既改善磨合過程，又延長活塞環的使用壽命。為了改善活塞環的磨合過程，減少黏著磨損，要對活塞環表面進行處理，如磷化處理等。

（4）潤滑劑

發動機在磨合時，採用的是潤滑劑，對摩擦表面的質量和發動機的使用壽命都有重要的影響。

3. 磨合規範

發動機磨合過程一般分為三個階段，即冷磨合、無負荷熱磨合、有負荷熱磨合。

冷磨合是在發動機不著火的情況下，用其他動力帶動發動機運轉。此時不裝火花塞或噴油器。磨合時的轉速不能過高也不能過低，一般初期轉速採用 400~600 r/min，終止轉速為 1,000~1,200 r/min。

無負荷熱磨合和有負荷熱磨合也稱熱試。在冷磨合的基礎上，裝上發動機全部附件，讓發動機自行燃燒。熱磨合初期不加負載，讓發動機在 1,000~1,200 r/min 的轉速下進行運轉；有負載熱磨合是在進行無負載熱磨合後，利用水利測功機或電渦流測功機給發動機加適當的負載，一般在 800~1,000 r/min 下進行。

項目八　發動機總裝與調試

　　在熱磨合過程中，主要是發現熱狀態下隱患或檢驗裝配質量。發現問題應立即停機檢查，排出故障。

　　需要說明的是，在汽車維修過程中，由於零件加工精度和裝配質量的提高，有時候省略了冷磨過程，直接進行無負荷熱磨合，基本不進行有負荷的熱磨合過程。但是在無負荷熱磨合過程中，要控製磨合的轉速，要時刻注意監測發動機的運行狀況，如發現異常，需停止磨合，排出故障後再進行磨合。

器材與場所準備

器材（設備、工量具、耗材）	資料準備	教學場所
設備：冷磨設備。 工具：常用維修工具數套（根據分組決定）。 耗材：燃油50L、機油4L、清水池（桶裝的、隨時更換水用）、抹布。 註：根據班級人數確定設備數量，每組4~6人適宜。	1. 磨合技術資料 2. 課程教學資料	1. 多媒體教室 2. 發動機總裝室 註：在理實一體化教室最佳（帶多媒體）

任務實施

第一步：安全要求及注意事項

（1）遵守實訓場地的安全製度。
（2）嚴禁大聲喧嘩，注意發動機異響。
（3）保持實訓場地的清潔。
（4）磨合時，其他人員要注意觀察經常查看項目。
（5）不要將機油、冷卻液、煞車液等噴濺到他人和自己身上。

第二步：發動機的冷磨合

1. 冷磨合設備

　　如圖8-2-1所示設備，是一種冷磨、熱磨與測功的聯合裝置。它包括發動機連接凸緣盤、測功機（也稱加載設備）和拖動裝置（包括連接電動機的摩擦離合器和變速器），還有潤滑油供給裝置、油耗及發動機轉速檢測裝置。

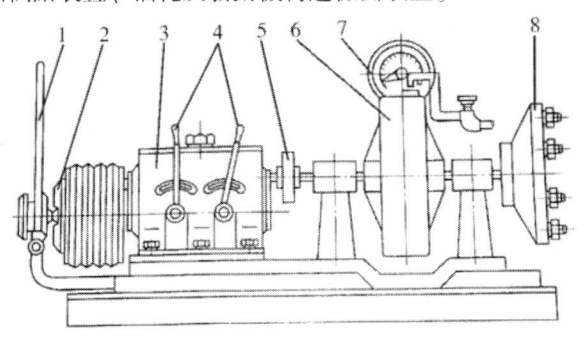

1——離合器手柄　　2——摩擦離合器
3——變速器　　　　4——變速器手柄
5——單項離合器　　6——測功機
7——稱力機構　　　8——發動機連接凸緣盤

圖8-2-1　發動機冷磨、熱磨與測功聯動裝置

2. 發動機冷磨合步驟和規範

（1）拆除發動機火花塞或噴油器，加足潤滑油。

（2）將變速器手柄放置在最低轉速，啓動電動機操縱離合器手柄，使其慢慢結合。

（3）操縱變速器手柄，使其冷磨轉速為 700r/min。

（4）一小時後按表 8-2-1 的要求，不斷操縱離合器手柄和變速器手柄，改變磨合轉速直至冷磨結束。

發動機冷磨合的起始轉速不宜過高或過低。若起始轉速過高，將導致摩擦副溫度過高，加劇磨損；若起始轉速過低，將導致潤滑油壓力不足，同樣增加了磨損量。冷磨合的起始轉速確定之後，一般可按表 8-2-1 的磨合規範進行冷磨合。

表 8-2-1　　　　　　　　　　發動機冷磨合規範

發動機額定轉速（r/min）	磨合轉速（r/min）	時間（min）	總時間（h）
>3,200	700 900 1,100 1,300	60 60 60 60	≤4
≤3,200	500-600 600-800 800-1,000 1,000-1,200	30~45 30~45 30~45 30~45	≤2

3. 發動機冷磨合注意事項

（1）水溫最好控製在 95°C 左右，若水溫達到 105°C 時應及時使用風扇冷卻。

（2）注意檢查機油壓力是否正常，如發現異常現象，應立即停機檢查並加以排除。

（3）觀察各機件工作情況是否正常，若有漏水、漏油或摩擦副表面附近過熱、各部有異常響聲等異常現象時，應及時查找原因，並加以排除。

（4）冷磨合結束後，應將機油放出，分解發動機各部件。檢查活塞、活塞環與氣缸內壁、曲軸主軸承、連杆軸承與曲軸軸頸等運動件的磨合情況。

要求：

①氣缸壁表面應光潔、無異常磨損。

②活塞裙部磨痕均勻、無拉毛、起槽現象。

③活塞環外圓表面接觸痕跡應不小於 90%，端隙應不大於原間隙的 25%。

④曲軸軸承和連杆軸承表面應光滑平整，接觸面積應大於 75%。

然後排出發動機故障，並將拆檢的機件清洗乾淨，按規定標準裝合拆檢的發動機，再加入發動機冬季用油，準備進行熱磨合。

第三步：發動機的熱磨合

冷磨後的發動機重新安裝在圖 8-2-1 所示的磨合臺架上，啓動發動機，利用發動機本身產生的動力進行熱磨合。發動機熱磨合包括以下兩個階段。

1. 無負荷熱磨合

這一階段的目的除進一步磨合外，還要對發動機的油路、電路、潤滑系和冷卻系進行必要的檢查和調整，並及時排除故障。

無負荷熱磨合規範：按規定程序啓動發動機，在空載情況下，以規定轉速（600~

1,000r/min）運轉 1 小時。

無負荷熱磨合注意事項：

（1）檢測潤滑、燃料、冷卻系統和點火正時等，使其符合標準和達到最佳狀況。

（2）檢查發動機機油壓力是否符合原廠規定（見表8-2-2）。如不符合，應立即停機排除故障。

（3）檢查發動機水溫、機油溫度是否正常（見表8-2-2）。如不正常，應立即停機排除故障。

（4）若發現異常，特別是當發動機的阻力突然增大時，應立即停機檢查，及時排除故障。

（5）發動機各部位應無漏水、漏油、漏氣和漏電現象。

表 8-2-2　　　　　發動機正常工作水溫、機油壓力和機油溫度

機型	EQ6100-1	康明斯 6BTA5.9	桑塔納 JV	桑塔納 AJR
冷卻液正常溫度（°C）	80~85	83~103	80~90	93~105
機油壓力（KPa）	147~588	207~414	30~180	30~180
機油正常溫度（°C）	75~85	80~95	80~95	85~95

2. 有負荷熱磨合

發動機經過無負荷熱磨合之後，還須進行有負荷熱磨合，即用試驗臺的加載裝置對發動機逐漸加載增速進行磨合。有負荷熱磨合可分為一般磨合和完全磨合兩種。一般磨合所需的時間較短，但經過一般磨合後的發動機只能進行個別的測試（如最大功率點、最大轉矩點和最低燃油消耗率點的轉速測試）；經過完全磨合的發動機可以進行整個外特性曲線的測試。對於大修的發動機，要求進行一般磨合就可以了，磨合時間應不少於 3 小時。

有負荷熱磨合規範見表8-2-3。

表 8-2-3　　　　　　　發動機有負荷熱磨合規範

磨合階段		曲軸轉速（r/min）	加載負荷（KW）	磨合時間（min）
熱磨合	1	700~900	14	45
	2	1,200~2,000	22	45~55
	3	2,100~2,400	45	35~45
	4	2,500~3,000	55	20~35

有負荷熱磨合的注意事項：

（1）檢查水溫、機油壓力和油溫，應符合原廠規定（參見表8-2-2）。

（2）發動機在各種情況下應運轉平穩，無異響。

（3）觀察各部襯墊、油封、水封及油管接頭有無漏油、漏水、漏氣現象。

（4）測量氣缸壓力，應符合原廠規定，即 1,000~1,300KPa。否則，應拆檢活塞連桿組，檢查同前。

（5）放出原機油，加入清洗油（90%柴油和10%車用機油），怠速運轉5min 後放

出清洗油，再加入合適機型規定的機油。

第四步：實訓講評

（1）個人或各組實訓效果講述。

（2）操作手法和磨合要點講評。

（3）對實訓中出現的問題進行講評。

（4）對實訓設備（發動機）檢查、評價。

第步：清理、清掃

（1）嚴格按照汽車「4S」店車間管理製度執行，遵守實訓車間「整理、整頓、清理、清掃、安全、提高素養」的6S管理。

（2）工作任務完成後，首先檢查工具，以防掉入發動機內。

（3）清理工作現場。

（4）對此次工作任務的質量進行講評。

任務拓展

發動機總成大修竣工驗收的技術要求

（1）發動機裝備齊全、有效。

（2）在正常環境溫度下，用原車規定的蓄電池能連續啟動，允許連續啟動不多於3次，每次啟動不多於5s，否則不合格。

（3）發動機怠速時，進氣管真空度應在57~70KPa範圍內，且波動小於5KPa。

（4）氣缸壓縮壓力應符合原設計規定。壓力差汽油機不超過8%；柴油機不超過10%。

（5）發動機怠速運轉平穩，轉速符合原設計規定，轉速波動不大於50r/min。

（6）發動機改變轉速應過渡圓滑，突加或突減時，不得有回火、放炮現象。

（7）發動機機油壓力、油溫、水溫符合原設計規定。

（8）發動機不允許有漏油、漏水、漏氣、漏電及溫度過高現象。

（9）發動機排放符合國家規定標準。

（10）發動機最大功率不低於原標準的90%，最大扭矩不低於原標準的95%。

（11）發動機外觀應塗漆。

【任務考核與評價】

任務名稱＿＿＿＿＿＿＿＿＿＿＿＿＿＿＿＿

專業：		班級：	姓名：	指導教師：		
任務考核內容	序號	考核內容	配分	評分標準		得分
	1	正確選用工具、儀器、設備	10	工具選用不當扣1分/每次		
	2	磨合的方法與要領及準確度	30	錯誤扣2分/每處		
	3	磨合設備及零部件認知	20	錯誤扣2分/每個		
	4	發動機總成主要零部件名稱認知	20	錯誤扣2分/每處		
	5	說出磨合（冷、熱）要求注意事項	10	錯誤扣2分/每點		
	6	安全操作、無違章	10	出現安全、違章操作，此次實訓考核記零分		
	7	分數合計	100			
任務評價內容	評價	評價標準	評價依據（信息、佐證）	權重	得分小計	總分	備註
	職業素質	1. 遵守維修管理規定 2. 按時完成工作任務 3. 操作規範無違章 4. 工作積極、勤奮好學	1. 工作過程記錄信息 2. 工量具的選用和使用考核信息 3. 工作場地清潔與安全信息	0.2			
	專業技能	1. 按照項目技能評定標準 2. 嚴格執行「安全作業」條例 3. 提倡文明作業，杜絕野蠻違章作業	1. 作業完成情況記錄 2. 項目完成情況記錄 3. 安全操作記錄	0.5			
	知識能力	1. 項目知識認知能力 2. 拓展知識認知能力	1. 問題處理能力記錄 2. 簡答成功率 3. 作業完成情況	0.3			

指導教師綜合評價：

指導教師簽名：　　　　　　　　　　　　　　　　　　　　日期：

附表 1
項目設計

步驟	工作過程	教學內容	學習情境 1:		學時	
	知識目標					
	能力目標					
步驟	工作過程	教學內容	教學過程			時間分配
1	任務目標					
2	動漫演示與講解		教學方式			
			教學設備			
			工具與儀器			
			教師配備			
3	設計		分組人數			
4	實施					
5	評價		教師點評			
6	清潔					

附表 2
學習任務單

任務名稱＿＿＿＿＿＿＿＿＿＿
專業：　　　　　班級：　　　　　姓名：　　　　　指導教師：

項目	
要求	
車型	
檢測方案	
方案實施過程記錄	
檢測結果及處理措施	
課後感	
批閱	

國家圖書館出版品預行編目(CIP)資料

汽車發動機構造與檢修 ─ 理實一體化教程 / 劉建忠、劉曉萌 主編.
-- 第一版. -- 臺北市：崧燁文化，2018.09

　面；　公分

ISBN 978-957-681-454-9(平裝)

1.引擎 2.汽車維修

447.121　　　　107012670

書　　名：汽車發動機構造與檢修 ─ 理實一體化教程
作　　者：劉建忠、劉曉萌 主編
發行人：黃振庭
出版者：崧燁文化事業有限公司
發行者：崧燁文化事業有限公司
E-mail：sonbookservice@gmail.com
粉絲頁　　　　　　網　　址：
地　　址：台北市中正區重慶南路一段六十一號八樓 815 室
8F.-815, No.61, Sec. 1, Chongqing S. Rd., Zhongzheng Dist., Taipei City 100, Taiwan (R.O.C.)
電　　話：(02)2370-3310　傳　真：(02) 2370-3210
總經銷：紅螞蟻圖書有限公司
地　　址：台北市內湖區舊宗路二段 121 巷 19 號
電　　話：02-2795-3656　　傳真：02-2795-4100　　網址：
印　　刷：京峯彩色印刷有限公司（京峰數位）

　　本書版權為西南財經大學出版社所有授權崧博出版事業股份有限公司獨家發行電子書繁體字版。若有其他相關權利及授權需求請與本公司聯繫。

定價：350 元

發行日期：2018 年 9 月第一版

◎ 本書以POD印製發行